U0327674

2022年版全国一级建造师执业资格考试考点精粹掌中宝

机电工程管理与实务
考点精粹掌中宝

全国一级建造师执业资格考试考点精粹掌中宝编写委员会　编写

中国建筑工业出版社

图书在版编目（CIP）数据

机电工程管理与实务考点精粹掌中宝 / 全国一级建造师执业资格考试考点精粹掌中宝编写委员会编写. —北京：中国建筑工业出版社，2022.5

2022 年版全国一级建造师执业资格考试考点精粹掌中宝

ISBN 978-7-112-27412-3

Ⅰ. ①机…　Ⅱ. ①全…　Ⅲ. ①机电工程-工程管理-资格考试-自学参考资料　Ⅳ. ①TH

中国版本图书馆 CIP 数据核字（2022）第 088819 号

责任编辑：李笑然
责任校对：李美娜

2022 年版全国一级建造师执业资格考试考点精粹掌中宝

机电工程管理与实务

考点精粹掌中宝

全国一级建造师执业资格考试考点精粹掌中宝编写委员会　编写

*

中国建筑工业出版社出版、发行（北京海淀三里河路 9 号）

各地新华书店、建筑书店经销

北京鸿文瀚海文化传媒有限公司制版

北京京华铭诚工贸有限公司印刷

*

开本：850 毫米×1168 毫米　1/32　印张：7⅞　字数：224 千字

2022 年 6 月第一版　　2022 年 6 月第一次印刷

定价：**20.00** 元

ISBN 978-7-112-27412-3

（39161）

前 言

全国一级建造师执业资格考试考点精粹掌中宝系列图书由教学名师编写，是在多年教学和培训的基础上开发出的新体系。书中根据对历年考题命题点的分析，创新采用A、B、C分级考点的概念，将考点分为“必会、应知、熟悉”三个层次，将最为精华、最为重要、最有可能考到的高频考点，通过简单明了的编排方式呈现出来，能有效帮助考生快速掌握重要考试内容，特别适宜于学习时间紧张的在职考生。

全书根据近年考题出现的频次和分值，将各科知识点划分为A、B、C三级知识点，A级知识点涉及的是每年必考知识，即为考生必会的知识点；B级知识点是考试经常涉及的，是考生应知的知识点；C级知识点是考试偶尔涉及的，属于考生应该熟悉的知识点。上述A、B、C分级表明了考点的重要性，考生可以根据时间和精力，有选择地进行复习，以达到用较少的时间取得较好的考试成绩的目的。相比传统意义上的辅导图书，本系列图书省却了考生进行总结的过程，更加符合考生的学习规律和学习心理，能帮助考生从纷繁复杂的学习资料中脱离出来，达到事半功倍的复习效果。

本书既适合考生在平时的复习中对重要考点进行巩固记忆，又适合有了一定基础的考生在串讲阶段和考前冲刺阶段强化记忆。在复习备考的有限时间内，充分利用本书，即可以以最少的时间达到最大的效果，从而获得更好的成绩，可谓一本图书适用备考全程。

本系列图书的作者都是一线教学和科研人员，有着丰富的教育教学经验，同时与实务界保持着密切的联系，熟知考生的知识背景和基础水平，编排的辅导教材在日常培训中取得了较好的效果。

本系列图书采用小开本印刷，方便考生随身携带，可充分利用等人、候车、餐前、饭后等碎片化的时间，高效率地完成备考工作。

本系列图书在编写过程中，参考了大量的资料，尤其是考试用书和历年真题，限于篇幅恕不一一列示致谢。在编写的过程中，立意较高颇具创新，但由于时间仓促、水平有限，虽经仔细推敲和多次校核，书中难免出现纰漏和瑕疵，敬请广大考生、读者批评和指正。

目　录

A 级 知 识 点

（必会考点）

A1 工程测量的方法

★高频考点：工程测量基础

序号	项　目	内　　容
1	作用	(1)安装定位:将设计图纸上的钢结构、设备或管线测设到实地。 (2)变形监测:已完工程实体的变形监测,包括沉降观测和倾斜观测
2	主要内容	(1)机电设备安装放线、基础检查、验收。 (2)工序或过程测量。每道工序完成之后,都要通过测量,检查工程各部位的实际位置及高程是否符合设计要求。 (3)变形观测。测定已安装设备在平面和高程方面产生的位移和沉降,收集整理各种变化资料,作为鉴定工程质量和验证工程设计、施工是否合理的依据。 (4)交工验收检测。 (5)工程竣工测量
3	特点	(1)机电工程测量贯穿于整个施工过程。从基础划线、标高测量到设备安装全过程,都需要进行工程测量,以使其各部分的尺寸、位置符合设计要求。 (2)精度要求高。相比建筑工程测量,机电工程测量的精度误差要求要高得多,一些精度要求较高的设备其标高和中心线要求近乎零偏差。 (3)工程测量与工程施工工序密切相关。某项工序还没有开工,就不能进行该项的工程测量。测量人员必须了解设计的内容、性质及其对测量工作的精度要求,熟悉图纸,了解施工全过程,及时掌握施工现场的变化情况,使工程测量与工程施工密切配合。 (4)机电工程测量受施工环境因素影响大,测量标志极易被损坏。一般来说,机电工程施工现场作业人员多、交叉作业频繁,地面情况多变,又有机动车辆等产生机械振动,因此各种测量标志必须埋设在不易破坏的位置
4	原则	工程测量应遵循“由整体到局部,先控制后细部”的原则,即先依据建设单位提供的永久基准点、线为基准,然后测设出设备的准确位置

序号	项 目	内 容
5	要求	(1)保证测设精度,满足设计要求,减少误差累积。 (2)检核。是测量工作的灵魂。对测量工作的全过程进行全面复核及确认,保证测量结果的准确性。检核分为:仪器检核、资料检核、计算检核、放样检核和验收检核

★高频考点：工程测量的基本原理与方法

序号	项目	方法	说明
1	高程测量	(1)水准测量	①测量原理:利用一条水平视线,并借助于竖立在地面点上的标尺,来测定地面上两点之间的高差,然后根据其中一点的高程来推算出另外一点高程的方法。 ②测量方法:高差法和仪高法。 A. 高差法——利用水准仪和水准尺测定待测点与已知点之间的高差,通过计算得到待测点高程的水准测量方法。 B. 仪高法——利用水准仪和水准尺,只需计算一次水准仪的高程,就可以简便地测算几个前视点的高程的水准测量方法。 注:高差法和仪高法的测量原理相同,区别在于计算高程时次序上的不同。在安置一次仪器,需要同时测量多个前视点的高程时,仪高法比高差法方便。 ③特点:最精密水准测量的方法。主要用于国家水准网的建立。除了国家等级的水准测量之外,还有普通水准测量。它采用精度较低的仪器(水准仪),测算手续也比较简单,广泛用于国家等级的水准网内的加密,或独立地建立测图和一般工程施工的高程控制网,以及用于线路水准和面水准的测量工作。 ④测量仪器:水准仪和标尺
		(2)三角高程测量	①测量原理:三角高程测量是指通过观测两个控制点的水平距离和天顶距(或高度角)来求两点间高差的方法。

序号	项目	方法	说明
1	高程测量	（2）三角高程测量	②特点：观测方法简单，受地形条件限制小，是测定大地控制点高程的基本方法。例如：在山区或地形起伏较大的地区测定地面点高程时，采用水准测量进行高程测量一般难以进行，实际工作中常采用三角高程测量的方法施测。测量精度的影响因素：距离误差、垂直角误差、大气垂直折光误差、仪器高和视标高的误差。 ③测量仪器：经纬仪、全站仪和（激光）测距仪
		（3）气压高程测量	①测量原理：根据大气压力随高程而变化的规律，用气压计进行高程测量的一种方法。 ②特点：由于大气压力受气象变化的影响较大，因此气压高程测量比水准测量和三角高程测量的精度都低，主要用于低精度的高程测量。但它的优点是在观测时点与点之间不需要通视，使用方便、经济和迅速。 ③测量仪器：最常用的仪器为空盒气压计和水银气压计
2	基准线测量	（1）保证量距精度的方法	返测丈量：当全段距离量完之后，尺端要调头，读数员互换，按同样方法进行返测。往返丈量一次为一测回，一般应测量两测回以上。量距精度以两测回的差数与距离之比表示
		（2）安装基准线的设置	安装基准线一般都是直线，只要定出两个基准中心点，就构成一条基准线；平面安装基准线不少于纵横两条
		（3）安装标高基准点的设置	根据设备基础附近水准点，用水准仪测出标志的具体数值，相邻安装基准点高差应在0.5mm以内
		（4）沉降观测点的设置	沉降观测采用二等水准测量方法，每隔适当距离选定一个基准点与起算基准点组成水准环线

★高频考点：建筑安装工程和工业安装工程的测量基本程序

确认永久基准点、线→设置基础纵横中心线→设置基础标高基准点→设置沉降观测点→安装过程测量控制→实测记录等。

★高频考点：机电工程中常见的工程测量

序号	项目	内容
1	设备基础的测量工作	设备基础位置的确认，设备基础放线，标高基准点的确立，设备基础标高测量
2	连续生产设备安装的测量	(1)安装基准线的测设：中心标板应在浇灌基础时，配合土建埋设，也可待基础养护期满后再埋设。放线就是根据施工图，按建筑物的定位轴线来测定机械设备的纵、横中心线并标注在中心标板上，作为设备安装的基准线。设备安装基准线不少于纵、横两条。 (2)安装标高基准点的测设：标高基准点一般埋设在基础边缘且便于观测的位置。标高基准点一般有两种：一种是简单的标高基准点；另一种是预埋标高基准点。采用钢制标高基准点，应设置靠近设备基础边缘便于测量处，不允许埋设在设备底板下面的基础表面。例如，简单的标高基准点一般作为独立设备安装的基准点；预埋标高基准点主要用于连续生产线上设备安装的标高基准点。 (3)连续生产设备只能有一条纵向基准线和一个预埋标高基准点
3	管线工程的测量内容	给水排水管道、燃气管道、热力管道、油气输送管道等的测量
4	管线工程的测量步骤	(1)熟悉施工图纸，了解管线布置及工艺要求，按实际地形做好实测数据，绘制施工平面草图和断面草图。 (2)按草图对管线进行测量、放线并对管线施工过程进行控制测量。 (3)在管线施工完毕后，以最终测量结果绘制平、断面竣工图
5	管线工程的测量方法	(1)管线中心定位的测量方法。定位的依据：依据地面上已有建筑物进行管线定位，也可根据控制点进行管线定位。例如，管线的主点位置已在设计时确定，管线中心定位就是将主点位置测设到地面上去，并用木桩或混凝土桩标定。管线的起点、终点及转折点称为管道的主点。

序号	项目	内容
5	管线工程的测量方法	(2)管线高程控制的测量方法。为了便于管线施工时引测高程及管线纵、横断面测量,应沿管线设置临时水准点,其定位偏差应符合规定。例如,水准点一般都选在旧建筑物墙角、台阶和基岩等处。如无适当的地物,应提前埋设临时标桩作为水准点。 (3)地下管线工程测量。地下管线工程测量必须在回填前进行,要测量出管线的起止点、窨井的坐标和管顶标高,再根据测量资料编绘竣工平面图和纵断面图
6	长距离输电线路钢塔架(铁塔)基础施工的测量	(1)长距离输电线路定位并经检查后,可根据起、止点和转折点及沿途障碍物的实际情况,测设钢塔架基础中心桩,其直线投点允许偏差和基础之间的距离丈量允许偏差应符合规定。中心桩测定后,一般采用十字线法或平行基线法进行控制,控制桩应根据中心桩测定。 (2)当采用钢尺量距时,其丈量长度不宜大于 80m,不宜小于 20m。 (3)架空送电线路测量视距长度,不宜超过 400m。 (4)大跨越档距测量。在大跨越档距之间,通常采用电磁波测距法或解析法测量

A2　机械设备安装方法

★高频考点:机械设备安装的分类

序号	项目	内容
1	整体安装	整体式安装是指对于体积和重量不大的设备,现有的运输条件可以将其整体运输到安装现场,直接将其安装到设计指定的位置。整体安装的关键在于保证设备的定位位置精度和各设备间相互位置精度
2	解体安装	解体式安装是指对某些大型设备,由于运输条件的限制,无法将其整体运输到安装现场,出厂时只能将其分解成部件进行运输,在安装现场重新按设计、制造要求进行装配和安装。解体安装不仅要保证设备的定位位置精度和各设备间相互位置精度,还必须再现制造、装配的精度,达到制造厂的标准,保证其安装精度要求

序号	项目	内容
3	模块化安装	模块化安装是指对某些大型、复杂的设备，重新按设备的设计、制造要求，设计成模块，除保证组装的精度外，还要保证其安装精度要求，同时达到制造厂的标准

★高频考点：机械设备典型零部件的装配

序号	项目	内容
1	螺纹连接件装配	(1)螺纹连接按其紧固要求的紧固。有规定预紧力的螺纹连接，在紧固时应按预紧力要求并做测量。如有密封要求的容器、设备上的重要螺纹连接件等。 (2)有预紧力要求的螺纹连接常用紧固方法：定力矩法、测量伸长法、液压拉伸法、加热伸长法
2	过盈配合件装配	过盈配合件的装配方法，一般采用压入装配、低温冷装配和加热装配法，而在安装现场，主要采用加热装配法
3	齿轮装配要求	(1)齿轮装配时，齿轮基准面端面与轴肩或定位套端面应靠紧贴合，且用 0.05mm 塞尺检查不应塞入；基准端面与轴线的垂直度应符合传动要求。 (2)相互啮合的圆柱齿轮副的轴向错位，齿宽 $B\leqslant$ 100mm 时，轴向错位应$\leqslant 5\%B$；齿宽 $B>$100mm 时，轴向错位应$\leqslant$5mm。 (3)用压铅法检查齿轮啮合间隙时，铅丝直径不宜超过间隙的 3 倍，铅丝的长度不应小于 5 个齿距，沿齿宽方向应均匀放置至少 2 根铅丝。 (4)用着色法检查传动齿轮啮合的接触斑点，应符合下列要求： ①应将颜色涂在小齿轮上，在轻微制动下，用小齿轮驱动大齿轮，使大齿轮转动 3～4 转。 ②圆柱齿轮和蜗轮的接触斑点，应趋于齿侧面中部；圆锥齿轮的接触斑点，应趋于齿侧面的中部并接近小端；齿顶和齿端棱边不应有接触。 ③可逆转的齿轮副，齿的两面均应检查
4	联轴器装配要求	(1)机械式联轴器按《联轴器分类》GB/T 12458—2017 分为刚性和挠性两类，其中刚性联轴器包括凸缘、夹壳两种，挠性联轴器包括滑块、齿式、滚子链、十字轴万向、轮胎式、梅花形、弹性柱销、膜片、弹性套柱销、蛇形弹簧、V 带轮钢砂式安全联轴器等常用类型。

序号	项目	内容
4	联轴器装配要求	(2)联轴器装配时,两轴心径向位移、两轴线倾斜和端面间隙的测量方法,应符合下列要求: ①将两个半联轴器暂时互相连接,应在圆周上画出对准线或装设专用工具,其测量工具可采用塞尺直接测量、塞尺和专用工具测量或百分表和专用工具测量。 ②将两个半联轴器一起转动,应每转 90°测量一次,并记录 5 个位置的径向位移测量值和位于同一直径两端测点的轴向测量值。 ③两轴心径向位移、两轴线倾斜计算值应符合《机械设备安装工程施工及验收通用规范》GB 50231—2009 的规定。 ④测量联轴器端面间隙时,应将两轴的轴向相对施加适当的推力,消除轴向窜动的间隙后,再测量其端面间隙值
5	滑动轴承装配要求	(1)瓦背与轴承座孔的接触要求、上下轴瓦中分面的接合情况、轴瓦内孔与轴颈的接触点数,应符合随机技术文件规定。 (2)厚壁轴瓦,在未拧紧螺栓时,用 0.05mm 塞尺从外侧检查上下轴瓦接合面,任何部位塞入深度应不大于接合面宽度的 1/3。 (3)薄壁轴瓦,在装配后,在中分面处用 0.02mm 塞尺检查,不应塞入。薄壁轴瓦的接触面不宜研刮。 (4)轴颈与轴瓦的侧间隙可用塞尺检查,单侧间隙应为顶间隙的 1/3～1/2。轴颈与轴瓦的顶间隙可用压铅法检查,铅丝直径不宜大于顶间隙的 3 倍
6	滚动轴承装配要求	(1)装配方法有压装法和温差法两种。采用压装法装配时,不得通过轴承的滚动体和保持架传递压入力;采用温差法装配时,应均匀地改变轴承的温度,轴承的加热温度不应高于 120℃,冷却温度不应低于 −80℃。 (2)轴承外圈与轴承座孔在对称于中心线 120°范围内、与轴承盖孔在对称于中心线 90°范围内内应均匀接触,且用 0.03mm 的塞尺检查时,塞尺不得塞入轴承外圈宽度的 1/3。 (3)轴承装配后应转动灵活。采用润滑脂的轴承,应在轴承 1/2 空腔内加注规定的润滑脂;采用稀油润滑的轴承,不应加注润滑脂

★高频考点：机械设备固定

序号	项目	内容
1	地脚螺栓	地脚螺栓一般可分为固定地脚螺栓、活动地脚螺栓、胀锚地脚螺栓和粘接地脚螺栓。 (1)固定地脚螺栓又称为短地脚螺栓,它与基础浇灌在一起,用来固定没有强烈振动和冲击的设备。如直钩螺栓、弯钩螺栓、弯折螺栓、U形螺栓、爪式螺栓、锚板螺栓等。 (2)活动地脚螺栓又称长地脚螺栓,是一种可拆卸的地脚螺栓,用于固定工作时有强烈振动和冲击的重型机械设备。如T形头螺栓、拧入式螺栓、对拧式螺栓等。 (3)部分静置的简单设备或辅助设备有时采用胀锚地脚螺栓的连接方式。胀锚地脚螺栓安装应满足下列要求: ①胀锚地脚螺栓中心到基础边缘的距离不小于7倍的胀锚地脚螺栓直径。 ②安装胀锚地脚螺栓的基础强度不得小于10MPa。 ③钻孔处不得有裂缝,钻孔时应防止钻头与基础中的钢筋、埋管等相碰。 ④钻孔直径和深度应与胀锚地脚螺栓相匹配。 (4)粘接地脚螺栓是近些年应用的一种地脚螺栓,其方法和要求与胀锚地脚螺栓基本相同。在粘接时应把孔内杂物吹净,并不得受潮
2	垫铁	(1)垫铁安装方法:大部分机械设备采用垫铁调整和承载的安装方法。 (2)垫铁种类:平垫铁、斜垫铁、开孔垫铁、开口垫铁、钩头成对斜垫铁、调整垫铁等。 (3)垫铁的施工方法:坐浆法和压浆法。 (4)设备无垫铁安装。目前还只限于设计文件有要求的情况下采用,由二次灌浆层起承重作用

A3 电机安装与调试技术

★高频考点：变压器安装基础工作要求

序号	项目	内容
1	开箱检查	(1)按设备清单、施工图纸及设备技术文件核对变压器规格型号应与设计相符,附件与备件齐全无损坏。

序号	项目	内容
1	开箱检查	(2)变压器无机械损伤及变形,油漆完好、无锈蚀。 (3)油箱密封应良好,带油运输的变压器,油枕油位应正常,油液应无渗漏。 (4)绝缘瓷件及铸件无损伤、缺陷及裂纹。 (5)充氮气或充干燥空气运输的变压器,应有压力监视和补充装置,在运输过程中应保持正压,气体压力应为0.01~0.03MPa
2	变压器二次搬运	(1)变压器二次搬运可采用滚杠滚动及卷扬机拖运的运输方式。 (2)变压器吊装时,索具必须检查合格,钢丝绳必须挂在油箱的吊钩上,变压器顶盖上部的吊环仅作吊芯检查用,严禁用此吊环吊装整台变压器。 (3)变压器搬运时,将高低压绝缘瓷瓶罩住进行保护,使其不受损伤。 (4)变压器搬运过程中,不应有严重冲击或振动情况,利用机械牵引时,牵引的着力点应在变压器重心以下,运输倾斜角不得超过15°,以防止倾斜使内部结构变形。 (5)用千斤顶顶升大型变压器时,应将千斤顶放置在油箱千斤顶支架部位,升降操作应协调,各点受力均匀,并及时垫好垫块
3	变压器吊芯(器身)检查	(1)检查内容:铁芯检查;绕组检查;绝缘围屏检查;引出线绝缘检查;无励磁调压切换装置的检查;有载调压切换装置的检查;绝缘屏障检查;油循环管路与下轭绝缘接口部位检查。 (2)器身检查完毕后,必须用合格的变压器油进行冲洗,并清洗油箱底部,不得有遗留杂物。箱壁上的阀门应开闭灵活、指示正确
4	变压器就位	(1)变压器就位可用吊车直接吊装就位。 (2)变压器就位时,应注意其方位和距墙尺寸应与设计要求相符,图纸无标注时,纵向按轨道定位,并使屋内预留吊环的垂线位于变压器中心。 (3)变压器基础的轨道应水平,轨距与轮距应配合,装有气体继电器的变压器顶盖,沿气体继电器的气流方向有1.0%~1.5%的升高坡度。 (4)变压器与封闭母线连接时,其套管中心线应与封闭母线中心线相符。 (5)装有滚轮的变压器,滚轮应转动灵活,在变压器就位后,应将滚轮用能拆卸的制动装置加以固定

序号	项目	内容
5	变压器接线	(1)变压器的一、二次接线、地线、控制导线均应符合相应的规定，油浸变压器附件的控制导线，应采用具有耐油性能的绝缘导线。 (2)变压器一、二次引线的施工，不应使变压器的套管直接承受应力。 (3)变压器的低压侧中性点必须直接与接地装置引出的接地干线进行连接，变压器箱体、支架或外壳应进行接地(PE)，且有标识。所有连接必须可靠，紧固件及防松零件齐全。 (4)变压器中性点的接地回路中，靠近变压器处，宜做一个可拆卸的连接点

★高频考点：变压器的交接试验

序号	项目	内容
1	绝缘油试验或 SF_6 气体试验	(1)绝缘油的试验类别、试验项目及试验标准应符合相关规定。 (2)SF_6 气体绝缘的变压器应进行 SF_6 气体含水量检验及检漏。SF_6 气体含水量应符合产品技术文件要求，变压器应无明显泄漏点
2	测量绕组连同套管的直流电阻	(1)变压器的直流电阻与同温下产品出厂实测数值比较，相应变化不应大于2%。 (2)1600kVA及以下三相变压器，各相绕组之间的差别不应大于4%；无中性点引出的绕组线间各绕组之间差别不应大于2%。 (3)1600kVA以上变压器，各相绕组之间差别不应大于2%；无中性点引出的绕组，线间差别不应大于1%
3	检查所有分接的电压比	(1)电压等级在35kV以下，电压比小于3的变压器电压比允许偏差应为±1%。 (2)其他所有变压器额定分接下电压比允许偏差不应超过±0.5%。 (3)其他分接的电压比应在变压器阻抗电压值(%)的1/10以内，且允许偏差应为±1%
4	检查变压器的三相连接组别	可以采用直流感应法或交流电压法分别检测变压器三相绕组的极性和连接组别

序号	项目	内容
5	测量铁芯及夹件的绝缘电阻	(1)在变压器所有安装工作结束后应进行铁芯对地、有外引接地线的夹件对地及铁芯对夹件的绝缘电阻测量。 (2)变压器上有专用铁芯接地线引出套管时，应在注油前后测量其对外壳的绝缘电阻。 (3)采用2500V兆欧表测量，持续时间应为1min，应无闪络及击穿现象
6	测量绕组连同套管的绝缘电阻、吸收比	用2500V摇表测量各相高压绕组对外壳的绝缘电阻值，用500V摇表测量低压各相绕组对外壳的绝缘电阻值。测量完后，将高、低压绕组进行放电处理。吸收比是通过计算得出的，测绝缘电阻时，摇表摇15s和60s时，阻值有差异，此时的比值就是吸收比
7	绕组连同套管的交流耐压试验	(1)电力变压器新装注油以后，大容量变压器必须经过静置12h才能进行耐压试验。对10kV以下小容量的变压器，一般静置5h以上才能进行耐压试验。 (2)变压器交流耐压试验不但对绕组，对其他高低耐压元件都可进行。进行耐压试验前，必须将试验元件用摇表检查绝缘状况
8	额定电压下的冲击合闸试验	(1)在额定电压下对变压器的冲击合闸试验，应进行5次，每次间隔时间宜为5min，应无异常现象，其中750kV变压器在额定电压下，第一次冲击合闸后的带电运行时间不应少于30min，其后每次合闸后带电运行时间可逐次缩短，但不应少于5min。 (2)冲击合闸宜在变压器高压侧进行，对中性点接地的电力系统试验时变压器中性点应接地
9	检查相位	检查变压器的相位，应与电网相位一致

★高频考点：变压器送电前检查和试运行

序号	项目	内容
1	送电前的检查	(1)各种交接试验单据齐全，数据符合要求。 (2)变压器应清理、擦拭干净，顶盖上无遗留杂物，本体、冷却装置及所有附件应无缺损，且不渗油。 (3)变压器一、二次引线相位正确，绝缘良好。 (4)接地线良好且满足设计要求。 (5)通风设施安装完毕，工作正常，事故排油设施完好，消防设施齐备。

序号	项目	内容
1	送电前的检查	(6)油浸变压器油系统油门应打开,油门指示正确,油位正常。 (7)油浸变压器的电压切换装置及干式变压器的分接头位置放置正常电压档位。 (8)保护装置整定值符合规定要求;操作及联动试验正常
2	送电试运行	(1)变压器第一次投入时,可全压冲击合闸,冲击合闸宜由高压侧投入。 (2)变压器应进行5次空载全压冲击合闸,应无异常情况;第一次受电后,持续时间不应少于10min;全电压冲击合闸时,励磁涌流不应引起保护装置的误动作。 (3)油浸变压器带电后,检查油系统所有焊缝和连接面不应有渗油现象。 (4)变压器并联运行前,应核对好相位。 (5)变压器试运行要注意冲击电流,空载电流,一、二次电压,温度,并做好试运行记录。 (6)变压器空载运行24h,无异常情况,方可投入负荷运行

★高频考点:电动机安装前的检查

序号	项目	内容
1	开箱检查	(1)包装及密封应良好;电机的功率、型号、电压应符合设计要求;电机外壳有无损伤,风罩、风叶是否完好;盘动转子检查转动部分应无卡阻或碰击等现象。 (2)定子和转子分箱装运的电动机,其铁芯、转子和轴颈应完整,无锈蚀现象。电动机的附件应无损伤。 (3)空气间隙的不均匀度应符合该产品的技术规定。当无规定时,各点空气间隙和平均空气间隙之差值与平均空气间隙之比宜为±5%。 (4)三相绕组是否断路、三组绕组的直流电流电阻偏差是否在允许范围内、电动机的各相绕组与机壳之间的绝缘电阻是否符合要求。 (5)电动机的引出线端子焊接或压接应良好,编号齐全,裸露带电部分的电气间隙应符合产品标准的规定。 (6)绕线式电动机应检查电刷的提升装置,提升装置应有“启动”“运行”的标志,动作顺序应是先短路集电环,再提起电刷

序号	项目	内容
2	抽芯检查的范围	(1)电动机出厂期限超过制造厂保证期限;若制造厂无保证期限,出厂日期已超过1年。 (2)经外观检查或电气试验,质量可疑时;开启式电动机经端部检查可疑时
3	电动机必须干燥的情形	(1)1kV及以下电动机使用500～1000V摇表,绝缘电阻值不应低于1MΩ/kV。 (2)1kV以上电动机使用2500V摇表,定子绕组绝缘电阻不应低于1MΩ/kV,转子绕组绝缘电阻不应低于0.5MΩ/kV,并做吸收比(R60/R15)试验,吸收比不小于1.3
4	电动机的干燥方法	(1)外部加热干燥法。 (2)电流加热干燥法
5	电动机干燥时注意事项	(1)在干燥前应根据电动机受潮情况制定烘干方法及有关技术措施。 (2)烘干温度缓慢上升,一般每小时的温升控制在5～8℃。 (3)干燥中要严格控制温度,在规定范围内,干燥最高允许温度应按绝缘材料的等级来确定,一般铁芯和绕组的最高温度应控制在70～80℃。 (4)干燥时不允许用水银温度计测量温度,应用酒精温度计、电阻温度计或温差热电偶。 (5)定时测定并记录绕组的绝缘电阻、绕组温度、干燥电源的电压和电流、环境温度。测定时一定要断开电源,以免发生危险。 (6)当电动机绝缘电阻达到规范要求,在同一温度下经5h稳定不变后认定干燥完毕

★高频考点：电动机安装与接线

序号	项目	内容
1	电动机安装要求	(1)安装时应在电动机与基础之间衬垫一层质地坚硬的木板或硬塑胶等防振物。 (2)地脚螺栓上均要套用弹簧垫圈,拧紧螺母时要按对角交错次序拧紧。 (3)应调整电动机的水平度,一般用水平仪进行测量。 (4)电动机垫片一般不超过三块,垫片与基础面接触应严密,电动机底座安装完毕后进行二次灌浆

序号	项目	内容
2	电动机接线方式	电动机三相定子绕组按电源电压和电动机额定电压的不同,可接成星形(Y)或三角形(△)两种形式
3	危险环境下电动机接线要求	(1)爆炸危险环境内电缆引入防爆电动机需挠性连接时,可采用挠性连接管柔性钢导管,其与防爆电动机接线盒之间,应按防爆要求加以配合,不同的使用环境条件采用不同材质的挠性连接管。 (2)电缆引入装置或设备进线口的密封应符合要求

★高频考点:电动机试运行

序号	项目	内容
1	试运行前的检查	(1)应用500V兆欧表测量电动机绕组的绝缘电阻。对于380V的异步电动机应不低于0.5MΩ。 (2)检查电动机安装是否牢固,地脚螺栓是否全部拧紧。 (3)电动机的保护接地线必须连接可靠,接地线(铜芯)的截面不小于$4mm^2$,有防松弹簧垫圈。 (4)检查电动机与传动机械的联轴器是否安装良好。 (5)检查电动机电源开关、启动设备、控制装置是否合适。熔丝选择是否合格。热继电器调整是否适当。断路器短路脱扣器和热脱扣器整定是否正确。 (6)通电检查电动机的转向是否正确。不正确时,在电源侧或电动机接线盒侧任意对调两根电源线即可。 (7)对于绕线型电动机还应检查滑环和电刷
2	试运行中的检查	(1)电动机的旋转方向应符合要求,无杂声。 (2)换向器、滑环及电刷的工作情况正常。 (3)检查电动机温度,不应有过热现象。 (4)振动(双振幅值)不应大于标准规定值。 (5)滑动轴承温升和滚动轴承温升不应超过规定值。 (6)电动机第一次启动一般在空载情况下进行,空载运行时间为2h,并记录电动机空载电流

A4 管道施工技术要求

★高频考点：工业金属管道安装前的检验

序号	项目	内容	说明
1	管道元件及材料的检验	（1）具有合格的制造厂产品质量证明文件	①产品质量证明文件应符合规定。符合国家现行材料标准、管道元件标准、专业施工规范和设计文件的规定。 ②管子、管件的产品质量证明文件包括的内容应符合要求。产品质量证明文件包括产品合格证和质量证明书。 ③当对管道元件或材料的性能数据或检验结果有异议时，在异议未解决之前，该批管道元件或材料不得使用
		（2）外观质量和几何尺寸的检查验收	①外观质量应不存在裂纹、凹陷、孔洞、砂眼、重皮、焊缝外观不良、严重锈蚀和局部残损等不允许缺陷。 ②几何尺寸的检查是主要尺寸的检查。 ③管道元件及材料的标识应清晰完整，能够追溯到产品的质量证明文件，对管道元件和材料应进行抽样检验
		（3）特殊材质检验	①铬钼合金钢、含镍合金钢、镍及镍合金钢、不锈钢、钛及钛合金材料的管道组成件，应采用光谱分析或其他方法对材质进行复查，并做好标识。 ②不锈钢、有色金属的管道元件和材料，在运输和储存期间不得与碳素钢、低合金钢接触。 ③设计文件规定进行低温冲击韧性试验的管道元件和材料，其试验结果不得低于设计文件的规定。 ④GC1级管道的管子、管件在使用前采用外表面磁粉或渗透无损检测抽样检验，要求检验批应是同炉批号、同型号规格、同时到货。 ⑤输送毒性程度为极度危害介质或设计压力大于或等于10MPa管道的管子、管件，经磁粉或渗透检测发现的表面缺陷应进行修磨，修磨后的实际壁厚不得小于管子名义壁厚的90%，且不得小于设计壁厚

序号	项目	内容	说明
2	阀门检验	(1)外观检查	阀门应完好,开启机构应灵活,阀门应无歪斜、变形、卡涩现象,标牌应齐全
		(2)壳体压力试验和密封试验	①应以洁净水为介质,不锈钢阀门试验时,水中的氯离子含量不得超过25ppm。 ②阀门的壳体试验压力为阀门在20℃时最大允许工作压力的1.5倍,密封试验为阀门在20℃时最大允许工作压力的1.1倍,试验持续时间不得少于5min,无特殊规定时,试验温度为5~40℃,低于5℃时,应采取升温措施。 ③安全阀的校验应委托有资质的检验机构完成,安全阀校验应做好记录、铅封,并出具校验报告

★高频考点:管道安装技术要点

序号	项目	内容
1	一般要求	(1)管道切割及坡口加工时,不锈钢管道应使用专用工具进行,不可与碳钢管混用;不锈钢管道吊装时,应使用尼龙吊装带,禁止用钢丝绳直接吊装不锈钢管段。 (2)连接各部件、法兰、阀门,焊接后经检查合格;管道使用的阀门、仪表等,安装前根据设计要求进行强度和密封性试验,调试合格。不合格的产品严禁安装,符合安装要求的产品应附有合格证书。 (3)管道安装前,应按照图纸进行测量放线,确认现场实际与图纸无误后再进行安装;管道安装时,应对照管道预制分段图进行。对留有调整段的,应按照现场实际进行测量,根据实测数据切割所需的调整尺寸。 (4)管段安装前,应检查管道内部清洁度。如发现管内有脏物,应先进行吹扫或用其他方法将管内清洁干净,方可对管段进行组队、焊接
2	管道敷设及连接	(1)管道的坡度、坡向及管道组成件的安装方向符合设计要求。 (2)埋地管道安装应在支承地基或基础检验合格后进行;埋地管道防腐层的施工应在管道安装前进行,在管道焊接连接处需预留100~200mm长度,待管道安装完毕且试压合格(如焊口的焊接质量需要进行探伤检测的,还必须完成此项工作)后再进行局部防腐处理。

序号	项目	内容
2	管道敷设及连接	(3)管道连接时,不得强力对口,端面的间隙、偏差、错口或不同心等缺陷不得采用加热管子、加偏垫等方法消除。 (4)管道采用法兰连接时,法兰密封面及密封垫片不得有划痕、斑点等缺陷;法兰连接应与钢制管道同心,螺栓应能自由穿入,法兰接头的歪斜不得用强紧螺栓的方法消除;法兰连接应使用同一规格螺栓,其安装方向应一致,螺栓应对称紧固。管道试运行时,热态紧固或冷态紧固应符合下列要求: ①钢制管道热态紧固、冷态紧固温度应符合规范要求,如工作温度大于 350℃时,一次热态紧固温度为 350℃,二次热态紧固温度为工作温度;如工作温度低于 −70℃时,一次冷态紧固温度为 −70℃,二次冷态紧固温度为工作温度。 ②热态紧固或冷态紧固应在达到工作温度 2h 后进行。 ③紧固螺栓时,钢制管道最大内压应根据设计压力确定。当设计压力小于或等于 6.0MPa 时,热态紧固最大内压应为 0.3MPa;当设计压力大于 6.0MPa 时,热态紧固最大内压应为 0.5MPa。冷态紧固应在卸压后进行。 ④紧固时,应有保护操作人员安全的技术措施。 (5)螺纹管道安装前,螺纹部分应清洗干净,并进行外观检查,不得有缺陷。密封面及密封垫的光洁度应符合要求,不得有影响密封性能的划痕、锈蚀斑点等缺陷,用于螺纹的保护剂或润滑剂应适用于工况条件,并对输送的流体或管道材料均不应产生不良影响。 (6)管道与大型设备或动设备连接(比如空压机、制氧机、汽轮机等),应在设备安装定位并紧固地脚螺栓后进行。无论是焊接还是法兰连接,连接时都不应使动设备承受附加外力。 (7)大型储罐的管道与泵或其他有独立基础的设备连接,应在储罐液压(充水)试验合格后安装,或在储罐液压(充水)试验及基础初阶段沉降后,再进行储罐接口处法兰的连接。 (8)伴热管及夹套管安装应符合下列要求: ①伴热管与主管平行安装,并应能自行排液。当一根主管需多根伴热管伴热时,伴热管之间的相对位置应固定。

序号	项目	内容
2	管道敷设及连接	②不得将伴热管直接点焊在主管上；对不允许与主管直接接触的伴热管，在伴热管与主管间应设置隔离垫；伴热管经过主管法兰、阀门时，应设置可拆卸的连接件。 ③夹套管外管剖切后安装时，纵向焊缝应设置于易检修部位。 ④夹套管支承块的材质应与主管内管的材质相同，支承块不得妨碍管内介质流动。 (9)防腐蚀衬里管道安装应采用软质或半硬质垫片，安装时，不得施焊、加热、碰撞或敲打。搬运和堆放衬里管段及管件时，应避免强烈振动或碰撞。对于有衬里的管道组成件，存放环境要适宜。 (10)对于非金属管道的连接，在编制连接作业工艺文件前应咨询生产厂家。由于不同厂家生产的管子和管件的性能可能存在差异，因此在编制连接作业工艺文件前应向生产厂家进行咨询。由于施工环境对非金属管道的连接质量有较大影响，因此应尽量避免在温度过高或过低、大风等恶劣环境下施工，并避免强烈阳光直射
3	管道保护套管安装	管道穿越道路、墙体、楼板或构筑物时，应加套管或砌筑涵洞进行保护。刚性套管分为一般刚性套管和防水刚性套管，其安装时的要求： (1)管道焊缝不应设置在套管内。 (2)穿越墙体的套管长度不得小于墙体厚度。 (3)穿越楼板的套管应高出楼面 50mm。 (4)穿越屋面的套管应设置防水肩和防水帽。 (5)管道与套管之间应填塞对管道无害的不燃材料。 (6)一般刚性套管管壁厚度不得小于 1.6mm。 (7)套管安装完成后，需对其安装位置、标高进行复核并办理隐蔽验收。 (8)需对套管两端口做临时封堵措施，避免混凝土浇筑时进入套管内
4	阀门安装	(1)阀门安装前，应按设计文件核对其型号规格，并应按介质流向确定其安装方向；检查阀门填料，其压盖螺栓应留有调节裕量。 (2)当阀门与金属管道以法兰或螺纹方式连接时，阀门应在关闭状态下安装；以焊接方式连接时，阀门应在开启状态下安装，对接焊缝底层宜采用氩弧焊。当非金属管道采用电熔连接或热熔连接时，接头附近的阀门应处于开启状态。

序号	项目	内容
4	阀门安装	(3)安全阀应垂直安装;安全阀的出口管道应接向安全地点;在安全阀的进、出管道上设置截止阀时,应加铅封,且应锁定在全开启状态;在管道系统安装完成进行压力试验时,安全阀须采取隔离措施,避免损坏安全阀,破坏其技术参数
5	支、吊架安装	(1)支、吊架安装位置应准确,安装应平整牢固,与管子接触应紧密。管道安装时,应及时固定和调整支、吊架。固定支架应按设计文件要求或标准图安装,并应在补偿器预拉伸之前固定。 (2)无热位移的管道,其吊杆应垂直安装。有热位移的管道,吊点应设在位移的相反方向,按位移值的1/2偏位安装。两根有热位移的管道不得使用同一吊杆。在热负荷运行时,应及时对支、吊架进行检查与调整。 (3)导向支架或滑动支架的滑动面应洁净平整,不得有歪斜和卡涩现象。其安装位置应从支承面中心向位移反方向偏移,偏移量应为位移值的1/2或符合设计文件要求,绝热层不得妨碍其位移。 (4)弹簧支、吊架的弹簧高度,应按设计文件要求安装,弹簧应调整至冷态值,并做记录。弹簧的临时固定件,如定位销(块),应待系统安装、试压、绝热完毕后方可拆除。 (5)吊架的固定点如果设置在混凝土梁上时,在小梁上的固定点位置,其距离梁底部应大于100mm;在大梁上的固定点位置,应设置在梁垂直中心线上部
6	静电接地安装	(1)有静电接地要求的管道,各段管子间应导电。例如,每对法兰或螺纹接头间电阻值超过0.03Ω时,应设导线跨接。管道系统的接地电阻值、接地位置及连接方式按设计文件的要求进行,静电接地引线宜采用焊接形式。 (2)有静电接地要求的不锈钢和有色金属管道,导线跨接或接地引线不得与管道直接连接,应采用同材质连接板过渡。 (3)静电接地安装完毕后,必须进行测试,电阻值超过要求时,应进行检查与调整

★高频考点：热力管道安装要求

序号	项目	内容
1	架空敷设或地沟敷设要求	(1)管道安装时均应设置坡度，室内管道的坡度为0.002，室外管道的坡度为0.003，蒸汽管道的坡度应与介质流向相同。 (2)每段管道最低点要设排水装置，最高点应设放气装置。 (3)与其他管道共架敷设的热力管道，如果常年或季节性连续供气的可不设坡度，但应加设疏水装置。 (4)疏水器应安装在以下位置：管道的最低点可能集结冷凝水的地方，流量孔板的前侧及其他容易积水处
2	补偿器竖直安装要求	(1)输送的介质是热水，应在补偿器的最高点安装放气阀，在最低点安装放水阀。 (2)输送的介质是蒸汽，应在补偿器的最低点安装疏水器或放水阀
3	补偿器支架安装	(1)两个补偿器之间(一般为20～40m)以及每一个补偿器两侧(指远的一端)应设置固定支架。 (2)两个固定支架的中间应设导向支架，导向支架应保证使管子沿着规定的方向做自由伸缩。 (3)补偿器两侧的第一个支架应为活动支架，设置在距补偿器弯头弯曲起点0.5～1m处，不得设置导向支架或固定支架
4	托架安装	(1)管道的底部应用点焊的形式装上高滑动托架，托架高度稍大于保温层的厚度。 (2)安装托架两侧的导向支架时，滑槽与托架之间有3～5mm的间隙。 (3)安装导向支架和活动支架的托架时，应考虑支架中心与托架中心一致，不能使活动支架热胀后偏移，靠近补偿器两侧的几个支架安装时应装偏心，其偏心的长度应是该点距固定点的管道热伸量的一半。偏心的方向都应以补偿器的中心为基准
5	支吊架安装	(1)弹簧支架一般装在有垂直膨胀伸缩而无横向膨胀伸缩之处，安装时必须保证弹簧能自由伸缩。 (2)弹簧吊架一般安装在垂直膨胀的横向、纵向均有伸缩处。吊架安装时，应偏向膨胀方向相反的一边

★高频考点：长输管道安装要求

序号	项目	内容
1	长输管道施工前的准备工作	(1)技术准备。进行图纸会审、设计交底及技术交底工作。进行施工组织设计、施工方案及质量、健康、安全、环境措施的编审工作。 (2)人力资源准备。组建施工项目部,配置满足需要的施工管理人员和施工作业人员。组织主要工种的人员培训、考试取证。 (3)机具设备准备。完成施工机具设备配置。完成施工机具设备的检修维护。完成具体工程的专用施工机具制作。 (4)物资准备。施工主要材料的储存应能满足连续作业要求。做好物资采购、验证、运输、保管工作。 (5)现场准备。办理施工相关手续。施工用地应满足作业要求。完成现场水、路、电、通信、场地平整及施工临时设施的准备工作
2	长输管道施工程序	(1)长输管道一般采用埋地弹性敷设方式。弹性敷设是指管道在外力或自重作用下产生弹性弯曲变形,利用这种变形进行管道敷设的一种方式。 (2)按照一般地段施工的方法,其主要施工程序是:线路交桩→测量放线→施工作业带清理及施工便道修筑→管道运输→管沟开挖→布管→清理管口→组装焊接→焊接质量检查与返修→补口检漏补伤→吊管下沟→管沟回填→三桩埋设→阴极保护→通球试压测径→管线吹扫、干燥→连头(碰死口)→地貌恢复→水工保护→竣工验收

A5　金属结构制作与安装技术

★高频考点：钢构件制作程序和要求

序号	项目	内容
1	钢构件制作的一般程序	原材料(钢材、焊材、连接用紧固件等)检验→排料、拼接→放样与号料→切割、下料→制孔→矫正和成型→构件装配→焊接→除锈、涂装(油漆)→构件编号、验收、出厂

序号	项目	内容
2	金属结构制作工艺要求	(1)零件、部件采用样板、样杆号料时,号料样板、样杆制作后应进行校准,并经检验人员复验确认后使用。 (2)钢材切割面应无裂纹、夹渣、分层等缺陷和大于1mm的缺棱,并应全数检查。 (3)碳素结构钢在环境温度低于－16℃、低合金结构钢在环境温度低于－12℃时,不应进行冷矫正和冷弯曲。碳素结构钢和低合金结构钢在加热矫正时,加热温度应为700～800℃,最高温度严禁超过900℃,最低温度不得低于600℃。低合金结构钢在加热矫正后应自然冷却。 (4)矫正后的钢材表面,不应有明显的凹面或损伤,划痕深度不得大于0.5mm,且不应大于该钢材厚度允许负偏差的1/2。 (5)金属结构制作焊接,应根据工艺评定编制焊接工艺文件。对于有较大收缩或角变形的接头,正式焊接前应采用预留焊接收缩裕量或反变形方法控制收缩和变形;长焊缝采用分段退焊、跳焊法或多人对称焊接法焊接;多组件构成的组合构件应采取分部组装焊接,矫正变形后再进行总装焊接

★高频考点:金属结构安装工艺技术与部分要求

序号	项目	内容
1	金属结构安装主要环节	(1)基础验收与处理。 (2)钢构件复查。 (3)钢结构安装。 (4)涂装(防腐涂装和/或防火涂装)
2	金属结构安装的程序	钢柱安装→支撑安装→梁安装→平台板(层板、屋面板)、钢梯、防护栏安装→其他构件安装
3	框架和管廊安装——分部件散装	(1)一般可按照柱、支撑、梁等的顺序安装。首节钢柱安装后要及时进行垂直度、标高和轴线位置校正。 (2)钢梁安装要采用两点起吊,单根钢梁长度大于21m,需计算确定3～4个吊点或采用平衡梁吊装。 (3)支撑安装要按照从下到上的顺序组合吊装。 (4)钢结构起重吊装作业要注意: ①钢结构吊装作业必须在起重设备的额定起重量范围内进行。 ②用于吊装的钢丝绳、吊装带、卸扣、吊钩等吊具应经检验合格,并应在其规定允许载荷范围内使用

序号	项目	内容
4	框架和管廊安装——分段（片）安装	(1)框架的安装可采用地面拼装和组合吊装的方法施工,已安装的结构应具有稳定性和空间刚度。管廊可在地面拼装成片,检查合格后成片吊装。 (2)铣平面应接触均匀,接触面积不应小于75%。 (3)框架的节点采用焊缝连接时,宜设置安装定位螺栓。每个节点定位螺栓数量不得少于2个。 (4)地面拼装的框架和管廊结构焊缝需进行无损检测或返修时,无损检测和返修应在地面完成,合格后方可吊装。 (5)在安装的框架和管廊上施加临时载荷时,应经验算
5	高强度螺栓连接的安装准备	(1)钢结构制作和安装单位应按规定分别进行高强度螺栓连接摩擦面的抗滑移系数试验和复验,现场处理的构件摩擦面应单独进行抗滑移系数试验。合格后方可进行安装。 (2)高强度螺栓连接处的摩擦面可根据设计抗滑移系数的要求选择处理工艺,抗滑移系数应符合设计要求,采用手工砂轮打磨时,打磨方向应与受力方向垂直。 (3)高强度大六角头螺栓连接副施拧可采用扭矩法或转角法。施工用的扭矩扳手使用前应进行校正,其扭矩相对误差不得大于±5%。 (4)高强度螺栓安装时,穿入方向应一致。高强度螺栓现场安装应能自由穿入螺栓孔,不得强行穿入。螺栓不能自由穿入时可采用铰刀或锉刀修整螺栓孔,不得采用气割扩孔。扩孔数量应征得设计单位同意
6	高强度螺栓连接的扭矩控制	(1)高强度螺栓连接副施拧分为初拧和终拧。大型节点在初拧和终拧间增加复拧。初拧扭矩值可取终拧扭矩的50%,复拧扭矩应等于初拧扭矩。初拧(复拧)后应对螺母涂刷颜色标记。高强度螺栓的拧紧宜在24h内完成。 (2)高强度螺栓应按照一定顺序施拧,宜由螺栓群中央顺序向外拧紧。 (3)扭剪型高强度螺栓连接副应采用专业电动扳手施拧。初拧(复拧)后应对螺母涂刷颜色标记。终拧以拧断螺栓尾部梅花头为合格。 (4)高强度大六角头螺栓连接副终拧后,应用0.3kg重的小锤敲击螺母对高强度螺栓进行逐个检查,不得有漏拧

★高频考点：质量检验要求

序号	项目	内容
1	高强度螺栓连接检验	(1)高强度大六角头螺栓连接副终拧扭矩检查：宜在螺栓终拧1h后、24h之前完成检查。检查方法采用扭矩法或转角法，但原则上应与施工方法相同。检查数量为节点数的10%，但不应少于10个节点，每个被抽查节点按螺栓数抽查10%，且不应少于2个。 (2)扭剪型高强度螺栓终拧后，除因构造原因无法使用专用扳手终拧掉梅花卡头者除外，未在终拧中扭断梅花卡头的螺纹数不应大于该节点螺栓数的5%。对所有梅花卡头未拧掉的扭剪型高强度螺栓连接副用扭矩法或转角法进行终拧并做标记。检查数量为节点数的10%，但不应少于10个节点。 (3)高强度螺栓连接副终拧后，螺栓丝扣外露应为2～3扣，其中允许有10%的螺栓丝扣外露1扣或4扣
2	其他检验	(1)多节柱安装时，每节柱的定位轴线应从地面控制轴线直接引上，不得从下层柱的轴线引上，避免造成过大的累积误差。 (2)吊车梁和吊车桁架组装、焊接完成后不允许下挠。 (3)钢网架结构总拼完成后及屋面工程完成后应分别测量其挠度值，且所测的挠度值不应超过相应设计值的1.15倍。 (4)涂料、涂装遍数、涂层厚度均应符合设计要求。当设计对涂层厚度无要求时，涂层干漆膜总厚度：室外应为150μm，室内应为125μm，其允许偏差为－25μm。每遍涂层干漆膜厚度的允许偏差为－5μm。 (5)薄涂型防火涂料的涂层厚度应符合有关耐火极限的设计要求。厚涂型防火涂料涂层的厚度，80%及以上面积应符合有关耐火极限的设计要求，且最薄处厚度不应低于设计要求的85%

A6　设备及管道防腐蚀工程施工方法

★高频考点：涂料施工方法

序号	项目	内容
1	刷涂法施工	(1)优点：漆膜渗透性强，可以深入到细孔、缝隙中；工具简单，投资少，操作容易，适应性强；对工件形状要求不严，节省涂料等。

序号	项目	内容
1	刷涂法施工	(2)缺点:该施工方法劳动强度大,生产效率低,涂膜易产生刷痕,外观欠佳。 (3)刷涂法常用于小面积涂装
2	滚涂法施工	(1)滚涂法是先将滚子(空心圆柱形,表层粘有纤维)在涂料中湿润,然后再将涂料滚涂到所需的表面。 (2)滚涂法适用于较大面积工件的涂装,较刷涂法效率高
3	空气喷涂法施工	(1)空气喷涂法利用专门的喷枪工具以压缩空气把涂料吸入,由喷枪的喷嘴喷出并使气流将涂料冲散成微粒射向被涂基体表面,并附着于基体表面。 (2)空气喷涂法是应用最广泛的一种涂装方法,几乎可适用于一切涂料品种,该方法的最大优点:可获得厚薄均匀、光滑平整的涂层。缺点是空气喷涂法涂料利用率较低,对空气的污染也较严重
4	高压无气喷涂法施工	(1)高压无气喷涂是使涂料通过加压泵加压后经喷嘴小孔喷出,涂料高速离开喷嘴扩散成极细的颗粒而涂敷于工件表面。 (2)高压无气喷涂优点:克服了一般空气喷涂时,发生涂料回弹和大量漆雾飞扬的现象,不仅节省了漆料,而且减少了污染,改善了劳动条件;工作效率较一般空气喷涂提高了数倍至十几倍;涂膜质量较好。 (3)适宜于大面积的物体涂装

★高频考点:金属涂层施工方法

序号	项目	内容
1	金属热喷涂类别	根据热源的不同,一般将金属热喷涂分为燃烧法和电加热法两大类
2	金属热喷涂工艺	金属热喷涂工艺包括基体表面预处理、热喷涂、后处理、精加工等过程
3	金属热喷涂用材	采用的金属材料多是锌、锌铝合金、铝和铝镁合金,分为金属丝和金属粉末两种形式
4	金属热喷涂设备	设备都主要由喷枪、热源、涂层材料供给装置以及控制系统和冷却系统组成

★高频考点：衬里施工方法

序号	项目	内容
1	块材衬里	(1)块材衬里施工采用胶泥衬砌法，在设备、管道及管件的内壁，采用胶泥衬砌耐腐蚀砖板等块状材料，将腐蚀介质与金属表面隔离。 (2)常用胶泥主要有水玻璃胶泥和树脂胶泥
2	纤维增强塑料衬里施工	(1)铺贴法。用手工糊制贴衬纤维增强塑料，可连续施工或间断施工。其中，纤维增强酚醛树脂衬里应采用间断法施工。纤维增强材料的涂胶可以采用刷涂法，也可采用浸揉法处理。 (2)喷射法。首先在处理后的基体表面均匀喷涂封底胶料，再将增强纤维无捻粗纱切成小段，与树脂一起喷到基体表面，喷射后采用辊子将沉积物压实
3	橡胶衬里	(1)橡胶衬里施工是采用粘贴法，把加工好的整块橡胶板利用粘结剂粘贴在金属表面上，接口以搭边方式粘合。 (2)橡胶衬里包括加热硫化橡胶衬里、自然硫化橡胶衬里和预硫化橡胶衬里
4	塑料衬里	(1)塑料衬里是采用塑料板材或管材，以焊接、粘贴等方法衬砌在设备或管道的内表面。 (2)常用塑料衬里工程包括软聚氯乙烯板衬里设备、氟塑料衬里设备和塑料衬里管道
5	铅衬里	(1)铅衬里的方法分为衬铅与搪铅两种。 (2)铅衬里适用于常压或压力不高、温度较低和静载荷作用下工作的设备；真空操作的设备、受振动和有冲击的设备不宜采用
6	氯丁乳胶水泥砂浆衬里	氯丁乳胶水泥砂浆衬里采用整体面层涂覆的方式。输水钢管通过离心机或管道喷涂机在钢管内壁形成水泥涂层，主要是延长给水管道的使用寿命，保护水质，提高管道输水能力。考虑到设备、管道内部空间狭窄，只适用于内部结构简单的设备、管道，设备，管道内部结构复杂的，施工困难，质量难以保证的，不宜选用水泥砂浆衬里

★高频考点：阴极保护

序号	项目	内容
1	强制电流阴极保护系统施工	(1)系统组成 强制电流阴极保护系统由 4 部分组成：电源设备、辅助阳极、被保护管道与附属设施。

序号	项目	内容
1	强制电流阴极保护系统施工	(2)施工方法 ①电源设备的机壳应接地,安装环境应与使用环境相匹配。电源设备所用外部电源应设置独立的配电箱。 ②辅助阳极地床根据埋设深度不同可分为:浅埋阳极地床和深井阳级地床。阳极四周宜填充焦炭、石墨等填充料。 ③被保护的设备、管道与电缆的连接宜采用铝热焊或铜焊。 ④应在地面安装测试桩以检测阴极保护技术参数
2	牺牲阳极阴极保护系统施工	(1)系统组成 ①牺牲阳极阴极保护系统由 3 部分组成:牺牲阳极、被保护管道与附属设施。 ②常用牺牲阳极材料包括:镁及镁合金阳极、锌及锌合金阳极、铝合金阳极和镁锌复合式阳极,其中铝合金阳极主要用于海洋环境中管道或设备的牺牲阳极保护。牺牲阳极结构形式可选用棒状、带状。 (2)施工方法 ①为了降低牺牲阳极的消耗率,提高阳极的电流效率,需在牺牲阳极周围填充填包料。牺牲阳极的填包料由石膏粉、膨润土、工业硫酸钠组成,其质量百分比为75∶20∶5。填包料可以在工厂预组装或现场配制。 ②牺牲阳极的电缆应通过测试装置与被保护对象实现电连接。 ③棒状牺牲阳极可采用单支埋设或多支成组埋设两种方式,按轴向和径向分为立式和水平式两种。 ④带状牺牲阳极应根据用途和需要与被保护对象同沟敷设或缠绕敷设

A7 设备及管道绝热工程施工技术要求

★高频考点:施工准备和要求

序号	项目	内容
1	施工依据	(1)《工业设备及管道绝热工程施工规范》GB 50126—2008,适用于新建、扩建和改建的外表面温度为－196～860℃的工业设备及管道绝热工程的施工。 (2)《设备及管道绝热技术通则》GB/T 4272—2008

序号	项目	内容
2	应具备的条件	(1)宜在设备及管道压力强度试验、严密性试验及防腐工程合格后,开始绝热工程施工。 (2)在有防腐、衬里的设备及管道上焊接绝热层的固定件时,焊接及焊后热处理必须在防腐、衬里和试压之前。 (3)对需要绝热的设备、管道及附件必须检查、评定,确认合格后才能进行保温施工
3	附件安装	(1)用于绝热结构的固定件和支承件的材质和品种必须与设备及管道的材质相匹配。 (2)不锈钢设备(管道)上焊接的固定件或垫板应采用相同材质牌号的不锈钢
4	绝热材料	(1)当需要修改设计、材料代用或采用新材料时,必须经过原设计单位同意。 (2)对于到达施工现场的绝热材料及其制品,必须检查其出厂合格证书或化验、物性试验记录,凡不符合设计性能要求的不予使用。有疑义时必须做抽样复核。 (3)绝热材料不应在露天堆放,否则应采取防雨、防雪防潮措施,严防受潮

★高频考点：绝热层施工技术要求一般规定

序号	项目	内容
1	分层施工	当采用一种绝热制品,保温层厚度≥100mm或保冷层厚度≥80mm时,应分为两层或多层逐层施工,各层厚度宜接近
2	拼缝宽度	硬质或半硬质绝热制品用作保温层时,拼缝宽度≤5mm;用作保冷层时,拼缝宽度≤2mm
3	搭接长度	绝热层施工时,每层及层间接缝应错开,其搭接的长度宜≥100mm
4	接缝位置	(1)水平管道的纵向接缝位置,不得布置在管道下部垂直中心线45°范围内。 (2)当采用大管径的多块硬质成型绝热制品时,绝热层的纵向接缝位置可不受此限制,但应偏离管道垂直中心线位置
5	附件要求	(1)保冷设备及管道上的裙座、支座、吊耳、仪表管座、支吊架等附件,必须进行保冷。 (2)其保冷层长度不得小于保冷层厚度的4倍或敷设至垫块处,保冷层厚度应为邻近保冷层厚度的1/2,但不得小于40mm。设备裙座内、外壁均应进行保冷

★高频考点：绝热层施工技术要求

序号	项目	内容
1	嵌装层铺法施工要求	(1)销钉应用自锁紧板将绝热层和铁丝网紧固，并应将绝热层压下4～5mm。自锁紧板应紧锁于销钉上，销钉露出部分应折弯成90°埋头。 (2)当绝热层外采用活络铁丝网时，活络铁丝网应张紧并紧贴绝热层，接口处应连接牢固并压平，活络铁丝网下料尺寸应小于实际安装尺寸。 (3)当双层或多层绝热层采用嵌装层铺法敷设时，尚应对软质及半硬质绝热制品的缝隙处进行挤缝，下料后的尺寸应大于施工部位尺寸，并应层层挤压敷设
2	捆扎法施工要求	(1)捆扎间距：硬质绝热制品捆扎间距≤400mm；半硬质绝热制品≤300mm；软质绝热制品≤200mm。 (2)捆扎方式： ①不得采用螺旋式缠绕捆扎。 ②每块绝热制品上的捆扎件不得少于两道，对有振动的部位应加强捆扎。 ③双层或多层绝热层的绝热制品，应逐层捆扎，并应对各层表面进行找平和严缝处理。 ④不允许穿孔的硬质绝热制品，钩钉位置应布置在制品的拼缝处；钻孔穿挂的硬质绝热制品，其孔缝应采用矿物棉填塞
3	拼砌法施工要求	(1)绝热灰浆应涂抹均匀、饱满，避免干燥后形成明显的干缩裂缝。 (2)当用绝热灰浆拼砌硬质保温制品时，拼缝不严及砌块的破损处应用绝热砂浆填补。拼砌时，可采用橡胶带或铁丝临时捆扎
4	缠绕法施工要求	(1)当用绝热绳缠绕施工时，各层缠绳应拉紧，第二层应与第一层反向缠绕并应压缝。绳的两端应用镀锌铁丝捆扎于管道上。 (2)当用绝热带缠绕时，绝热带应采用规格制品。当现场加工时，其带宽应小于150mm，可制带成卷，敷设时应螺旋缠绕，其搭接尺寸应为带宽的1/2
5	填充法施工要求	(1)对于不通行地沟中的管道采用粒状绝热材料施工时，宜将粒状绝热材料用沥青或憎水剂浸渍并经烘干，趁微热时填充。 (2)在立式设备上进行填充法施工时，应分层填充，层间应均匀、对称，每层高度宜为400～600mm

序号	项目	内容
6	粘贴法施工要求	(1)粘结剂在使用前,应进行实地试粘。施工中粘结剂取用后应及时密封。粘结剂的涂抹厚度应符合要求,并应涂满、挤紧和粘牢。 (2)粘贴操作时,连续粘贴的层高,应根据粘结剂固化时间确定。绝热制品可随粘随用卡具或橡胶带临时固定,应待粘结剂干固后拆除。 (3)粘贴在管道上的绝热制品的内径,应略大于管道外径。保冷制品的缺棱掉角部分,应事先修补完整后粘贴。保温制品可在粘贴时填补。 (4)球形容器的保冷层宜采用预制成型的弧形板,粘贴前粘结剂应点状涂抹在预制板上,并应与壁面贴紧。 (5)当采用泡沫玻璃制品进行粘贴施工时,尚应在制品端、侧、结合面涂粘结剂相互粘合。 (6)大型异型设备和管道的绝热层,采用半硬质、软质绝热制品粘贴时,应采用层铺法施工,各层绝热制品应逐层错缝、压缝粘贴
7	浇注法施工要求	(1)浇注法所采用的模具在安装过程中,应设置临时固定设施。模板应平整、拼缝严密、尺寸准确、支点稳定,并应在模具内涂刷脱模剂。浇注发泡型材料时,可在模具内带铺衬一层聚乙烯薄膜。 (2)聚氨酯、酚醛等泡沫塑料浇注: ①浇注料温度、环境温度必须符合产品使用规定。 ②大面积浇注时,应设对称多点浇口,分段分片进行,浇注应均匀,并迅速封口。 ③浇注不得有发泡不良、脱落、发酥、发脆、发软、开裂、孔径过大等缺陷;当出现以上缺陷时必须查清原因,重新浇注。 (3)预制管中管绝热结构及其安装补口: ①凡外护层采用非金属结构的预制绝热管道,其运输、吊装、布管和焊接等施工过程均应采取相应的防护措施。如运输时应设置橡皮板或其他软质材料衬垫,吊装时应使用柔性吊管带等。 ②预留裸管段的绝热层和外护层在补口前,应按照规定进行表面处理与防腐。 ③施工完毕后,补口处绝热层必须整体严密。 (4)轻质粒料保温混凝土及浇注料浇注时应一次浇注成型,当间断浇注时,施工缝宜留在伸缩缝的位置上。 (5)试块的浇注应在浇注绝热层的同时进行

序号	项目	内容
8	喷涂法施工要求	(1)工艺调节:喷涂施工时,应根据设备、材料性能及环境条件调节喷射压力和喷射距离。喷涂物料混合后的雾化程度及喷涂层成分的均匀性应符合工艺要求。 (2)过程控制: ①喷涂时应均匀连续喷射,喷涂面上不应出现干料或流淌。喷涂方向应垂直于受喷面,喷枪应不断地进行螺旋式移动。 ②可在伸缩缝嵌条上划出标志或用硬质绝热制品拼砌边框等方法控制喷涂层厚度。 ③喷涂时应由下而上,分层进行。大面积喷涂时,应分段分层进行。接槎处必须结合良好,喷涂层应均匀。 (3)环境条件:在风力大于三级、酷暑、雾天或雨天环境下,不宜进行室外喷涂施工
9	涂抹法施工要求	(1)绝热层涂抹时,应分层涂敷。待上层干燥后再涂敷下层,每层的厚度不宜过厚。 (2)绝热涂料分层涂敷施工时,可根据具体情况加设铁丝网
10	可拆卸式绝热层的施工要求	(1)与人孔等盖式可拆卸式结构相邻位置上的绝热结构,当绝热层厚度影响部件的拆卸时,绝热结构应做成45°斜坡,并应留出部件拆卸时的螺栓间距。 (2)可拆卸式结构保冷层的厚度应与设备或管道保冷层的厚度相同。 (3)可拆卸式的绝热结构,宜分为两部分的金属绝热盒组合形式,其尺寸应与实物相适应,两部分应采用搭扣进行连接。 (4)保冷的设备或管道,其可拆卸式结构与固定结构之间必须密封
11	金属反射绝热结构的施工要求	(1)金属反射绝热结构的部件可由内板、外板、反射板、端面支承、外包带和间隔垫组成。端面支承与内、外板的固定,可采用焊接或铆接。 (2)设备及管道表面与金属反射绝热结构内板之间的空气层间隙应按设计文件的要求确定。间隙的留设应采用间隔垫。 (3)应在外板的接缝处加一条比外板稍厚一点的外包带;当使用外板延伸时,其搭接不应小于50mm,外板应顺水流方向搭接。 (4)当金属反射绝热结构为不需拆除的固定板时,可用铆钉或螺钉把外包带固定连接在外板上;当其为需经常拆卸的可拆卸板时,可在其外包带和外板上安装皮带扣式的固定卡后,再组装固定

★高频考点：伸缩缝及膨胀间隙的留设

序号	项目	内容
1	伸缩缝留设规定	(1)设备或管道采用硬质绝热制品时，应留设伸缩缝。 (2)两固定管架间水平管道的绝热层应至少留设一道伸缩缝。 (3)立式设备及垂直管道，应在支承件、法兰下面留设伸缩缝。 (4)弯头两端的直管段上，可各留一道伸缩缝；当两弯头之间的间距较小时，其直管段上的伸缩缝可根据介质温度确定仅留一道或不留设。 (5)当方形设备壳体上有加强筋板时，其绝热层可不留设伸缩缝。 (6)球形容器的伸缩缝，必须按设计规定留设。当设计对伸缩缝的做法无规定时，浇注或喷涂的绝热层可用嵌条留设。 (7)多层绝热层伸缩缝的留设： ①中、低温保温层的各层伸缩缝，可不错开。 ②保冷层及高温保温层的各层伸缩缝，必须错开，错开距离应大于100mm
2	伸缩缝留设宽度	伸缩缝留设的宽度，设备宜为25mm，管道宜为20mm
3	伸缩缝的填充	(1)填充前应将伸缩缝或膨胀间隙内杂质清除干净。 (2)保温层的伸缩缝，应采用矿物纤维毡条、绳等填塞严密，并应捆扎固定。高温设备及管道保温层的伸缩缝外，应再进行保温。 (3)保冷层的伸缩缝，应采用软质绝热制品填塞严密或挤入发泡型粘结剂，外面应用50mm宽的不干性胶带粘贴密封，保冷层的伸缩缝外应再进行保冷
4	膨胀间隙的留设	有下列情况之一时，必须在膨胀移动方向的另一侧留设膨胀间隙： (1)填料式补偿器和波形补偿器。 (2)当滑动支座高度小于绝热层厚度时。 (3)相邻管道的绝热结构之间。 (4)绝热结构与墙、梁、栏杆、平台、支撑等固定构件和管道所通过的孔洞之间

★高频考点：防潮层施工要求

序号	项目	内容
1	玻璃纤维布复合胶泥涂抹施工	(1)胶泥应涂抹至规定厚度，其表面应均匀平整。 (2)立式设备和垂直管道的环向接缝，应为上搭下。卧式设备和水平管道的纵向接缝位置，应在两侧搭接，并应缝口朝下。 (3)玻璃纤维布应随第一层胶泥层边涂边贴，其环向、纵向缝的搭接宽度≥50mm，搭接处应粘贴密实，不得出现气泡或空鼓。 (4)粘贴的方式，可采用螺旋形缠绕法或平铺法。 (5)待第一层胶泥干燥后，应在玻璃纤维布表面再涂抹第二层胶泥
2	聚氨酯或聚氯乙烯卷材施工	(1)卷材的环向、纵向接缝搭接宽度应满足要求。搭接处粘结剂应饱满密实。 (2)粘贴可根据卷材的幅宽、粘贴件的大小和现场施工的具体情况，采用螺旋形缠绕法或平铺法

★高频考点：保护层施工要求

序号	项目	内容
1	金属保护层	(1)当固定保冷结构的金属保护层时，严禁损坏防潮层。 (2)当有下列情况之一时，金属保护层必须按规定嵌填密封剂或在接缝处包缠密封带： ①露天、潮湿环境中保温设备、管道和室内外保冷设备、管道与其附件的金属保护层。 ②保冷管道的直管段与其附件的金属保护层接缝部位，以及管道支吊架穿出金属保护壳的部位
2	非金属保护层——采用箔、毡、布类包缠型保护层	(1)保护层包缠施工前，应对所采用的粘结剂按使用说明书做试样检验。 (2)当在绝热层上直接包缠时，应清除绝热层表面的灰尘、泥污并修饰平整。当在抹面层上包缠时，应在抹面层表面干燥后进行。 (3)包缠施工应层层压缝，压缝宽度符合要求，且必须在其起点和终端有捆紧等固定措施
3	非金属保护层——采用阻燃型防水卷材及涂膜弹性体做保护层	(1)接缝处应嵌平、光滑，并不得高出绝热层表面。 (2)卷材包扎的环向、纵向接缝搭接尺寸应符合要求。接缝处可采用专用涂料粘贴封口

序号	项目	内容
4	非金属保护层——采用玻璃钢保护层	(1)现场制作玻璃钢,铺衬的基布应紧密贴合,并应顺次排净气泡,胶料涂刷饱满,达到设计要求的层数和厚度。 (2)对已安装的玻璃钢保护层,除不应被利器碰撞外,严禁踩踏和堆放物品

A8 建筑管道工程施工技术要求

★高频考点:建筑管道常用的连接方法

序号	连接方法	说明
1	螺纹连接	(1)螺纹连接是利用带螺纹的管道配件连接,管径小于或等于80mm的镀锌钢管宜用螺纹连接,多用于明装管道。 (2)钢塑复合管一般也用螺纹连接。 (3)镀锌钢管应采用螺纹连接,镀锌钢管套丝扣时破坏的镀锌层表面及外露螺纹部分应做防腐处理
2	法兰连接	直径较大的管道采用法兰连接,法兰连接一般用在主干道连接阀门、水表、水泵等处,以及需要经常拆卸、检修的管段上
3	焊接	(1)焊接适用于非镀锌钢管,多用于暗装管道和直径较大的管道,并在高层建筑中应用较多。 (2)铜管连接可采用专用接头或焊接,当管径小于22mm时宜采用承插或套管焊接,承口应迎介质流向安装,当管径大于或等于22mm时宜采用对口焊接。 (3)不锈钢管可采用承插焊
4	沟槽连接(卡箍连接)	(1)沟槽式连接可用于消防水、空调冷热水、给水、雨水等系统直径大于或等于100mm的镀锌钢管或钢塑复合管。 (2)具有操作简单、不影响管道的原有特性、施工安全、系统稳定性好、维修方便、省工省时等特点。 (3)沟槽连接时,沟槽的深度应满足设计要求,不得过浅或过深
5	卡套式连接	(1)铝塑复合管一般采用螺纹卡套压接。 (2)将配件螺母套在管道端头,再把配件内芯套入端头内,用扳手把紧配件与螺母即可。 (3)铜管的连接也可采用螺纹卡套压接

序号	连接方法	说明
6	卡压连接	(1)不锈钢卡压式管件连接技术取代了螺纹、焊接、胶接等传统给水管道连接技术,具有保护水质卫生、抗腐蚀性强、使用寿命长等特点。 (2)施工时将带有特种密封圈的承口管件与管道连接,用专用工具压紧管口而起到密封和紧固作用,施工中具有安装便捷、连接可靠及经济合理等优点
7	热熔连接	PPR、HDPE管的连接方法采用热熔器进行热熔连接
8	承插连接	(1)用于给水及排水铸铁管及管件的连接。 (2)有柔性连接和刚性连接两类。 (3)柔性连接采用橡胶圈密封,刚性连接采用石棉水泥或膨胀性填料密封。 (4)重要场合可用铅密封

★高频考点:室内给水管道施工技术要点

序号	项目	内容
1	管道元件检验	(1)主要材料、成品、半成品、配件、器具和设备必须具有中文质量合格证明文件,规格、型号及性能检测报告应符合国家技术标准或设计要求。生活给水系统所涉及的材料必须达到饮用水卫生标准。进场时应做检查验收,并经监理工程师核查确认。 (2)应对品种、规格、外观等进行验收。包装应完好,表面无划痕及外力冲击破损。 (3)管道所用流量计及压力表应进行校验检定,设备及管道上的安全阀应由具备资质的单位进行整定。 (4)阀门安装前,应做强度和严密性试验。试验应在每批(同牌号、同型号、同规格)数量中抽查10%,且不少于一个。对于安装在主干管上起切断作用的闭路阀门,应逐个做强度和严密性试验。 (5)阀门的强度和严密性试验,应符合以下规定:阀门的强度试验压力为公称压力的1.5倍;严密性试验压力为公称压力的1.1倍;试验压力在试验持续时间内应保持不变,且壳体填料及阀瓣密封面无渗漏
2	管道支吊架安装	(1)滑动支架应灵活,滑托与滑槽两侧间应留有3~5mm的间隙,纵向移动量应符合设计要求。 (2)无热伸长管道的吊架、吊杆应垂直安装。 (3)有热伸长管道的吊架、吊杆应向热膨胀的反方向偏移。

序号	项目	内容
2	管道支吊架安装	(4)塑料管及复合管垂直或水平安装的支架间距应符合规范的规定。采用金属制作的管道支架,应在管道与支架间加衬非金属垫或套管。 (5)金属管道立管管卡安装应符合下列规定:楼层高度小于或等于 5m,每层必须安装 1 个;楼层高度大于5m,每层不得少于 2 个;管卡安装高度,距地面应为1.5~1.8m,2 个以上管卡应匀称安装,同一房间管卡应安装在同一高度上。 (6)薄壁不锈钢管道的支架为非不锈钢、塑料制品时,金属支架或管卡与薄壁不锈钢管材间必须采用塑料或橡胶隔离,以免使不锈钢管受到腐蚀。公称直径不大于 25mm 的管道安装时,可采用塑料管卡。采用金属管卡或吊架时,金属管卡或吊架与管道之间应采用塑料带或橡胶等软物隔垫
3	管道预制	(1)预制加工的管段应进行分组编号,非安装现场预制的管道应考虑运输的方便,预制阶段应同时进行管道的检验和底漆的涂刷工作。 (2)钢管热弯时应不小于管道外径的 3.5 倍;冷弯时应不小于管道外径的 4 倍;焊接弯头应不小于管道外径的 1.5 倍;冲压弯头应不小于管道外径
4	给水设备安装	(1)水泵就位前的基础混凝土强度、坐标、标高、尺寸和螺栓孔位置必须符合设计规定。 (2)敞口水箱的满水试验和密闭水箱(罐)的水压试验必须符合设计与《建筑给水排水及采暖工程施工质量验收规范》GB 50242—2002 规范的规定。满水试验静置24h 观察,不渗不漏;水压试验在试验压力下 10min 压力不降,不渗不漏
5	管道及配件安装	(1)管道安装一般应本着先主管后支管、先上部后下部、先里后外的原则进行安装,对于不同材质的管道应先安装钢质管道,后安装塑料管道,当管道穿过地下室侧墙时应在室内管道安装结束后再进行安装,安装过程应注意成品保护。 (2)冷热水管道上下平行安装时热水管道应在冷水管道上方,垂直安装时热水管道在冷水管道左侧。 (3)给水引入管与排水排出管的水平净距不得小于 1m。室内给水与排水管道平行敷设时,两管间的最小水平净距不得小于 0.5m;交叉铺设时,垂直净距不得小于 0.15m。给水管应铺在排水管上面,若给水管必须铺在排水管的下面时,给水管应加套管,其长度不得小于排水管管径的 3 倍。

序号	项目	内容
5	管道及配件安装	(4)给水水平管道应有2‰～5‰的坡度坡向泄水装置。 (5)水表应安装在便于检修、不受曝晒、污染和冻结的地方。安装螺翼式水表,表前与阀门应有不小于8倍水表接口直径的直线管段。 (6)管道穿过墙壁和楼板,应设置金属或塑料套管。安装在楼板内的套管,其顶部应高出装饰地面20mm;安装在卫生间及厨房内的套管,其顶部应高出装饰地面50mm,底部应与楼板底面相平;安装在墙壁内的套管其两端与饰面相平。穿过楼板的套管与管道之间缝隙应用阻燃密实材料和防水油膏填实,端面光滑。穿墙套管与管道之间缝隙宜用阻燃密实材料填实,且端面应光滑。管道的接口不得设在套管内
6	系统水压试验	(1)室内给水管道的水压试验必须符合设计要求。当设计未注明时,各种材质的给水管道系统试验压力均为工作压力的1.5倍,但不得小于0.6MPa。 (2)金属及复合管给水管道系统在试验压力下观测10min,压力降不应大于0.02MPa,然后降到工作压力进行检查,应不渗不漏;塑料管给水系统应在试验压力下稳压1h,压力降不得超过0.05MPa,然后在工作压力的1.15倍状态下稳压2h,压力降不得超过0.03MPa,同时检查各连接处不得渗漏
7	防腐绝热	(1)室内直埋给水管道(塑料管道和复合管道除外)应做防腐处理。埋地管道防腐层材质和结构应符合设计要求。 (2)管道的防腐方法主要有涂漆。进行手工油漆涂刷时,漆层要厚薄均匀一致。多遍涂刷时,必须在上一遍涂膜干燥后才可涂刷第二遍。 (3)管道绝热按其用途可分为保温、保冷、加热保护三种类型
8	系统清洗、消毒	(1)管道系统试验合格后,应进行管道系统清洗。 (2)进行热水管道系统冲洗时,应先冲洗热水管道底部干管,后冲洗各环路支管。由临时供水入口向系统供水,关闭其他支管的控制阀门,只开启干管末端支管最底层的阀门,由底层放水并引至排水系统内。观察出水口处水质变化是否清洁。底层干管冲洗后再依次冲洗各分支环路,直至全系统管路冲洗完毕为止。 (3)生活给水系统管道在交付使用前必须冲洗和消毒,并经有关部门取样检验,符合国家标准方可使用

★高频考点：阀门试验持续时间

公称直径 DN (mm)	最短试验持续时间（s）		
	严密性试验		强度试验
	金属密封	非金属密封	
≤50	15	15	15
65～200	30	15	60
250～450	60	30	180

★高频考点：室内排水管道施工技术要求

序号	项目	内容
1	管道支吊架安装	(1)金属排水管道上的吊钩或卡箍应固定在承重结构上。 (2)固定件间距：横管不大于2m；立管不大于3m。楼层高度小于或等于4m，立管可安装1个固定件。立管底部的弯管处应设支墩或采取固定措施
2	管道及配件安装	(1)室内生活污水管道应按铸铁管、塑料管等不同材质及管径设置排水坡度，铸铁管的坡度应高于塑料管的坡度。 (2)排水塑料管必须按设计要求及位置装设伸缩节。如设计无要求时，伸缩节间距不得大于4m。高层建筑中明设排水塑料管道应按设计要求设置阻火圈或防火套管。 (3)排水通气管不得与风道或烟道连接，通气管应高出屋面300mm，但必须大于最大积雪厚度。在通气管出口4m以内有门、窗时，通气管应高出门、窗顶600mm或引向无门、窗一侧。在经常有人停留的平屋顶上，通气管应高出屋面2m，并应根据防雷要求设置防雷装置。屋顶有隔热层应从隔热层板面算起。 (4)安装后未经消毒处理的医院含菌污水管道，不得与其他排水管道直接连接。 (5)饮食业工艺设备引出的排水管及饮用水水箱的溢流管，不得与污水管道直接连接，并应留出不小于100mm的隔断空间
3	系统灌水试验	(1)隐蔽或埋地的排水管道在隐蔽前必须做灌水试验，其灌水高度应不低于底层卫生器具的上边缘或底层地面高度。满水15min水面下降后，再灌满观察5min，液面不降，管道及接口无渗漏为合格。

序号	项目	内容
3	系统灌水试验	(2)安装在室内的雨水管道安装后应做灌水试验，灌水高度必须到每根立管上部的雨水斗。灌水试验持续1h，不渗不漏
4	系统通球试验	排水主立管及水平干管管道均应做通球试验，通球球径不小于排水管道管径的2/3，通球率必须达到100%

★高频考点：室内供暖管道施工技术要求

序号	项目	内容
1	管道及配件安装	(1)管道安装坡度，当设计未注明时，气、水同向流动的热水采暖管道和汽、水同向流动的蒸汽管道及凝结水管道，坡度应为3‰，不得小于2‰；气、水逆向流动的热水采暖管道和汽、水逆向流动的蒸汽管道，坡度不应小于5‰；散热器支管的坡度应为1%，坡向应利于排气和泄水。 (2)方形补偿器应水平安装，并与管道的坡度一致；如其臂长方向垂直安装必须设排气及泄水装置。 (3)上供下回式系统的热水干管变径应顶平偏心连接，蒸汽干管变径应底平偏心连接
2	辅助设备及散热器安装	(1)散热器进场时，应对其单位散热量、金属热强度等性能进行复验；复验应为见证取样检验。同厂家、同材质的散热器，数量在500组及以下时，抽检2组；当数量每增加1000组时应增加抽检1组。 (2)散热器组对后，以及整组出厂的散热器在安装之前应做水压试验。试验压力如设计无要求时应为工作压力的1.5倍；但不小于0.6MPa。试验时间为2～3min，压力不降且不渗不漏。 (3)供暖分汽缸(分水器、集水器)安装前应进行水压试验，试验压力为工作压力的1.5倍，但不得小于0.6MPa
3	低温热水地板辐射供暖系统安装	(1)地面下敷设的盘管埋地部分不应有接头。 (2)盘管隐蔽前必须进行水压试验，试验压力为工作压力的1.5倍，但不小于0.6MPa。稳压1h内压力降不大于0.05MPa且不渗不漏
4	系统水压试验	(1)供暖系统安装完毕，管道保温之前应进行水压试验。试验压力应符合设计要求。当设计未注明时，蒸汽、热水采暖系统，应以系统顶点工作压力加0.1MPa

序号	项目	内容
4	系统水压试验	做水压试验，同时在系统顶点的试验压力不小于0.3MPa。高温热水采暖系统，试验压力应为系统顶点工作压力加0.4MPa。塑料管及复合管的热水采暖系统，应以系统顶点工作压力加0.2MPa做水压试验，同时在系统顶点的试验压力不小于0.4MPa。 (2)钢管及复合管的采暖系统应在试验压力下10min内压力降不大于0.02MPa，降至工作压力后检查，不渗、不漏；塑料管的采暖系统应在试验压力下1h内压力降不大于0.05MPa，然后降压至工作压力的1.15倍，稳压2h，压力降不大于0.03MPa，同时各连接处不渗、不漏
5	系统冲洗	系统试压合格后，应对系统进行冲洗并清扫过滤器及除污器。现场观察，直至排出水不含泥沙、铁屑等杂质，且水色不浑浊为合格
6	试运行和调试	(1)系统冲洗完毕应充水、加热，进行试运行和调试。 (2)锅炉应进行48h的带负荷连续试运行，同时应进行安全阀的定压检验和调整

★高频考点：室外给水管网施工技术要求

序号	项目	内容
1	管沟、井室开挖	(1)管沟的沟底层应是原土层，或是夯实的回填土，沟底应平整，坡度应顺畅，不得有尖硬的物体、块石等。 (2)如沟基为岩石、不易清除的块石或为砾石层时，沟底应下挖100～200mm，填铺细砂或粒径不大于5mm的细土，夯实到沟底标高后，方可进行管道敷设
2	管道安装	(1)给水管道与污水管道在不同标高平行敷设，其垂直间距在500mm以内时，给水管管径小于或等于200mm的，管壁水平间距不得小于1.5m；管径大于200mm的，不得小于3m。 (2)给水系统各种井室内的管道安装，如设计无要求，井壁距法兰或承口的距离：管径小于或等于450mm时，不得小于250mm；管径大于450mm时，不得小于350mm
3	系统水压试验	(1)管网必须进行水压试验，试验压力为工作压力的1.5倍，但不得小于0.6MPa。 (2)管材为钢管、铸铁管时，试验压力下10min内压力降不应大于0.05MPa，然后降至工作压力进行检查，压力应保持不变，不渗不漏。

序号	项目	内容
3	系统水压试验	(3)管材为塑料管时,试验压力下,稳压1h压力降不大于0.05MPa,然后降至工作压力进行检查,压力应保持不变,不渗不漏
4	系统冲洗、消毒	给水管道在竣工后,必须对管道进行冲洗,饮用水管道还要在冲洗后进行消毒,满足饮用水卫生要求
5	管沟回填	(1)管沟回填土,管顶上部200mm以内应用砂子或无块石及冻土块的土,并不得用机械回填。 (2)管顶上部500mm以内不得回填直径大于100mm的块石和冻土块;500mm以上部分回填土中的块石或冻土块不得集中

★高频考点：室外排水管网施工技术要求

序号	项目	内容
1	管道安装	(1)排水管道的坡度必须符合设计要求,严禁无坡或倒坡。 (2)排水铸铁管采用水泥捻口时,油麻填塞应密实,接口水泥应密实饱满,其接口面凹入承口边缘且深度不得大于2mm。 (3)承插接口的排水管道安装时,管道和管件的承口应与水流方向相反
2	系统灌水、通水试验	(1)管道埋设前必须做灌水试验和通水试验,排水应畅通,无堵塞,管接口无渗漏。 (2)按排水检查井分段试验,试验水头应以试验段上游管顶加1m,时间不少于30min,逐段观察

★高频考点：室外供热管网施工技术要求

序号	项目	内容
1	管道安装	(1)架空敷设的供热管道安装高度,如设计无规定时,人行地区,不小于2.5m;通行车辆地区,不小于4.5m;跨越铁路,距轨顶不小于6m。 (2)地沟内的管道安装位置,其净距(保温层外表面)与沟壁100～150mm;与沟底100～200mm;与沟顶(不通行地沟)50～100mm;与沟顶(半通行和通行地沟)200～300mm

序号	项目	内容
2	系统水压试验	(1)供热管道的水压试验压力应为工作压力的1.5倍,但不得小于0.6MPa。在试验压力下10min内压力降不大于0.05MPa,然后降至工作压力下检查,不渗不漏。 (2)供热管道做水压试验时,试验管道上的阀门应开启,并与非试验管道应隔断
3	系统冲洗	管道试压合格后,应进行冲洗。现场观察,以水色不浑浊为合格
4	试运行和调试	管道冲洗完毕应通水、加热,进行试运行和调试,测量各建筑物热力入口处供回水温度及压力。当不具备加热条件时,应延期进行

★高频考点:建筑饮用水供应工程施工技术要求

序号	项目	内容
1	管道元件检验	(1)建筑直饮水系统的管道必须采用与管材相适应的管件。直饮水系统所涉及的材料与设备必须满足饮用水卫生安全要求。 (2)建筑直饮水系统的管道应选用薄壁不锈钢管、铜管或其他符合食品级要求的优质给水塑料管和优质钢塑复合管。开水管道应选用工作温度大于100℃的金属管道。 (3)饮水器应用不锈钢、铜镀铬制品,其表面应光洁易于清洗
2	系统水压试验	(1)管道安装完成后,应分别对立管、连通管及室外管段进行水压试验。系统中不同材质的管道应分别试压。水压试验必须符合设计要求。 (2)当设计未注明时,各种材质的管道系统试验压力应为管道工作压力的1.5倍,且不得小于0.6MPa。 (3)暗装管道必须在隐蔽前进行试压。热熔连接管道,水压试验时间应在连接完成24h后进行
3	系统清洗、消毒	建筑直饮水系统试压合格后应对整个系统进行清洗和消毒,消毒液可采用含20~30mg/L的游离氯或过氧化氢溶液等其他合适消毒液,并经有关部门取样检验,符合国家现行行业标准《饮用净水水质标准》CJ 94—2005的要求方可使用

★高频考点：建筑中水及雨水利用工程施工技术要求

序号	项目	内容
1	管道元件检验	中水给水管道管材及配件应采用耐腐蚀的给水管管材及附件
2	水处理设备及控制设施安装	中水高位水箱应与生活高位水箱分设在不同的房间内，如条件不允许只能设在同一房间时，与生活高位水箱的净距离应大于2m
3	管道及配件安装	(1)中水给水管道不得装设取水水嘴。便器冲洗宜采用密闭型设备和器具。绿化、浇洒、汽车冲洗宜采用壁式或地下式的给水栓。 (2)中水供水管道严禁与生活饮用水给水管道连接，并应采取下列措施：中水管道外壁应涂浅绿色标志；中水池(箱)、阀门、水表及给水栓均应有“中水”标志。 (3)中水管道不宜暗装于墙体和楼板内。如必须暗装于墙槽内时，必须在管道上有明显且不会脱落的标志。 (4)中水管道与生活饮用水管道、排水管道平行埋设时，其水平净距离不得小于0.5m；交叉埋设时，中水管道应位于生活饮用水管道下面、排水管道的上面，其净距离不应小于0.15m

★高频考点：高层和超高层建筑管道安装技术要点

序号	项目	内容
1	高层和建筑管道安装技术要点	(1)十层及十层以上高层建筑卫生间的生活污水立管应设置通气立管。高层建筑尤其是超高层建筑，应按设计要求设置乙字弯或在设备层(转换层)设置水平管进行消能。 (2)设计时必须对给水系统和热水系统进行合理的竖向分区并加设减压设备，施工中应选用正确承压标准的泵类设备、管道和阀部件，选用相应壁厚的管道，保证管道的焊接质量和固定牢固，以确保系统的正常运行。 (3)应采取可靠措施，设置安全可靠的室内消防给水系统及室外补水系统，管道保温及管道井、穿墙套管的封堵应使用阻燃材料，防止重大火灾事故的发生。如金属排水管道穿楼板和防火墙的洞口间隙、套管间隙应采用防火材料封堵。高层建筑中明设管径大于或等于*DN*110的塑料排水立管穿越楼板时，应在楼板下侧管道上设置阻火圈。 (4)必须考虑管道的防振、降噪措施。

序号	项目	内容
1	高层和建筑管道安装技术要点	(5)处理好各种管线的综合交叉,做好综合布置,合理安排施工工序。 (6)合理、安全地布置管道抗震支吊架,防止地震次生灾害。当给水管道必须穿越抗震缝时宜靠近建筑物的下部穿越,且应在抗震缝两边各装一个柔性管接头或在通过抗震缝处安装门形弯头或设置伸缩节。 (7)给水排水及室内雨水落管道时应在结构封顶并经初沉后进行施工。 (8)高层建筑出现管道渗水最多的部位,要有可靠的防水措施。 (9)高层建筑的重力流雨水系统可用镀锌焊接钢管,超高层建筑的重力流雨水系统可采用镀锌无缝钢管和球墨铸铁管;高层和超高层建筑的虹吸式雨水系统的管道,可采用高密度聚乙烯(HDPE)管、不锈钢管、涂塑钢管、镀锌钢管、铸铁管等材料,这些管材除承受正压外,还应能承受负压。 (10)采用环保、节能的大管道闭式循环冲洗技术
2	超高层建筑管道工程模块化安装	(1)工厂化和装配化。 (2)利用计算机三维技术,分段模块预制。 (3)管道防结露措施。 (4)无负压给水设备的选用:能直接与自来水管网连接,对自来水管网不产生任何副作用的成套给水设备。真空消除器是本设备的核心。 (5)建筑中水处理技术:建筑中水系统由中水水源、中水处理设施和中水供水系统组成,主要用于建筑杂用水和城市杂用水

A9　建筑电气工程施工技术要求

★高频考点:母线槽施工技术要求

序号	项目	内容
1	母线槽开箱检查	(1)母线槽防潮密封应良好,附件应齐全、无缺损,外壳应无明显变形,母线螺栓搭接面应平整、镀层覆盖应完整、无起皮和麻面。 (2)有防护等级要求的母线槽应检查产品及附件的防护等级,其标识应完整。防火型母线槽应有防火等级和燃烧报告

序号	项目	内容
2	母线槽支架安装要求	(1)母线槽支架安装应牢固、无明显扭曲,采用金属吊架固定时,应设有防晃支架。 (2)室内配电母线槽的圆钢吊架直径不得小于 8mm,室内照明母线槽的圆钢吊架直径不得小于 6mm。 (3)水平或垂直敷设的母线槽每节不得少于一个支架,其间距应符合产品技术文件的要求,距拐弯 0.4～0.6m 处应设置支架,固定点位置不应设置在母线槽的连接处或分接单元处
3	母线槽安装连接要求	(1)母线槽直线段安装应平直,配电母线槽水平度与垂直度偏差不宜大于 1.5‰,全长最大偏差不宜大于 20mm;照明母线槽水平偏差全长不应大于 5mm,垂直偏差不应大于 10mm。母线应与外壳同心,允许偏差应为±5mm。 (2)母线槽跨越建筑物变形缝处时,应设置补偿装置;母线槽直线敷设长度超过 80m,每 50～60m 宜设置伸缩节。 (3)母线槽不宜安装在水管的正下方。 (4)母线槽段与段的连接口不应设置在穿越楼板或墙体处,垂直穿越楼板处应设置与建(构)筑物固定的专用部件支座,其孔洞四周应设置高度为 50mm 及以上的防水台,并应采取防火封堵措施。 (5)母线槽连接后不应使母线及外壳受额外应力;母线的连接方法应符合产品技术文件要求;母线槽连接用部件的防护等级应与母线槽本体的防护等级一致。 (6)母线槽的连接紧固应采用力矩扳手,搭接螺栓紧固力矩应符合产品技术文件的要求或规范标准要求。母线连接的接触电阻应小于 0.1Ω。 (7)母线槽的金属外壳等外露可导电部分应与保护导体可靠连接,每段母线槽的金属外壳间应连接可靠,且母线槽全长与保护导体可靠连接不应少于 2 处;分支母线槽的金属外壳末端应与保护导体可靠连接
4	母线槽通电前检查	(1)母线槽通电运行前应进行检验或试验,高压母线交流工频耐压试验应符合交接试验规定;低压母线绝缘电阻值不应小于 0.5MΩ。 (2)分接单元插入时,接地触头应先于相线触头接触,且触头连接紧密,退出时,接地触头应后于相线触头脱开

★高频考点：梯架、托盘和槽盒施工技术要求

序号	项目	内容
1	梯架、托盘和槽盒进场验收要求	(1)钢制梯架、托盘和槽盒涂层应完整、无锈蚀；配件应齐全，表面应光滑、不变形。 (2)塑料槽盒应无破损、色泽均匀，对阻燃性能有异议时，应按批抽样送有资质的试验室检测。 (3)铝合金梯架、托盘和槽盒涂层应完整，不应有扭曲变形、压扁或表面划伤等现象
2	支架安装要求	(1)建筑钢结构构件上不得熔焊支架，且不得热加工开孔。 (2)水平安装的支架间距宜为1.5～3.0m，垂直安装的支架间距不应大于2m。 (3)采用金属吊架固定时，圆钢直径不得小于8mm，并应有防晃支架，在分支处或端部0.3～0.5m处应有固定支架
3	金属梯架、托盘和槽盒安装要求	(1)电缆金属梯架、托盘和槽盒转弯、分支处宜采用专用连接配件，其弯曲半径不应小于金属梯式、托盘式和槽式桥架内电缆最小允许弯曲半径，电缆最小允许弯曲半径应符合规定。 (2)配线槽盒与水管同侧上下敷设时，宜安装在水管的上方；与热水管、蒸汽管平行上下敷设时，应敷设在热水管、蒸汽管的下方。 (3)敷设在电气竖井内，穿楼板处和穿越不同防火区的梯架、托盘和槽盒，应有防火隔离措施
4	金属梯架、托盘和槽盒的接地跨接要求	(1)金属梯架、托盘和槽盒全长不大于30m时，不应少于2处与保护导体可靠连接。 (2)全长大于30m时，每隔20～30m应增加一个接地连接点，起始端和终点端均应可靠地接地。 (3)非镀锌金属梯架、托盘和槽盒之间连接的两端应跨接保护连接导体，保护连接导体的截面应符合设计要求。 (4)镀锌金属梯架、托盘和槽盒之间不跨接保护连接导体时，连接板每端不应少于2个有防松螺帽或防松垫圈的连接固定螺栓

★高频考点：导管施工技术要求

序号	项目	内容
1	金属镀锌导管的进场验收要求	(1)查验产品质量证明书。 (2)镀锌层应覆盖完整、表面无锈斑,金具配件应齐全,无砂眼。 (3)埋入土壤中的热浸镀锌钢材,其镀锌层厚度不应小于 63μm。 (4)对镀锌质量有异议时,应按批抽样送有资质的试验室检测
2	支架安装要求	(1)承力建筑钢结构构件上不得熔焊导管支架,且不得热加工开孔。 (2)当导管采用金属吊架固定时,圆钢直径不得小于 8mm,并应设置防晃支架。 (3)在距离盒(箱)、分支处或端部 0.3～0.5m 处应设置固定支架
3	金属导管施工要求	(1)钢导管不得采用对口熔焊连接;镀锌钢导管或壁厚小于或等于 2mm 的钢导管,不得采用套管熔焊连接。 (2)镀锌钢导管、可弯曲金属导管和金属柔性导管不得熔焊连接。 (3)暗配导管的表面埋设深度与建筑物、构筑物表面的距离不应小于 15mm。当塑料导管在墙体上剔槽埋设时,应采用强度等级不小于 M10 的水泥砂浆抹面保护。 (4)导管穿越密闭或防护密闭隔墙时,应设置预埋套管,预埋套管的制作和安装应符合设计要求,套管两端伸出墙面的长度宜为 30～50mm,导管穿越密闭穿墙套管的两侧应设置过线盒,并应做好封堵。 (5)导管弯曲半径要求: ①明配导管的弯曲半径不宜小于管外径的 6 倍,当两个接线盒间只有一个弯曲时,其弯曲半径不宜小于管外径的 4 倍。 ②埋设于混凝土内的导管的弯曲半径不宜小于管外径的 6 倍,当直埋于地下时,其弯曲半径不宜小于管外径的 10 倍。 (6)明配电气导管应排列整齐、固定点间距均匀、安装牢固;在距终端、弯头中点或柜、台、箱、盘等边缘 150～500mm 范围内应设有固定管卡。 (7)进入配电(控制)柜、台、箱内的导管管口,当箱底无封板时,管口应高出柜、台、箱、盘的基础面 50～80mm。

序号	项目	内容
3	金属导管施工要求	(8)室外埋地敷设的钢导管的壁厚应大于 2mm;导管的管口不应敞口垂直向上,导管管口应在盒、箱内或导管端部设置防水弯;导管管口在穿入绝缘导线、电缆后应做密封处理
4	金属导管与保护导体连接要求	(1)当非镀锌钢导管采用螺纹连接时,连接处的两端应熔焊焊接保护连接导体;熔焊焊接的保护连接导体宜为圆钢,直径不应小于 6mm,其搭接长度应为圆钢直径的 6 倍。 (2)镀锌钢导管、可弯曲金属导管和金属柔性导管连接处的两端宜采用专用接地卡固定保护连接导体;专用接地卡固定的保护连接导体应为铜芯软导线,截面不应小于 $4mm^2$ 。 (3)机械连接的金属导管,管与管、管与盒(箱)体的连接配件应选用配套部件,其连接应符合产品技术文件要求,当连接处的接触电阻值符合现行国家标准要求时,连接处可不设置保护连接导体,但导管不应作为保护导体的接续导体。 (4)金属导管与金属梯架、托盘连接时,镀锌材质的连接端宜用专用接地卡固定保护连接导体,非镀锌材质的连接处应熔焊焊接保护连接导体
5	塑料导管敷设要求	(1)管口应平整光滑,管与管、管与盒(箱)等器件采用插入法连接时,连接处结合面应涂专用粘结剂,接口应牢固密封。 (2)直埋于地下或楼板内的刚性塑料导管,在穿出地面或楼板易受机械损伤的一段应采取保护措施
6	柔性导管敷设要求	(1)刚性导管经柔性导管与电气设备、器具连接时,柔性导管的长度在动力工程中不宜大于 0.8m,在照明工程中不宜大于 1.2m。 (2)柔性导管与刚性导管或电气设备、器具间的连接应采用专用接头。 (3)明配柔性导管固定点间距不应大于 1m,管卡与设备、器具、弯头中点、管端等边缘的距离应小于 0.3m。 (4)金属柔性导管不应作为保护导体的接续导体

★高频考点：室内电缆敷设要求

序号	项目	内容
1	电缆支架安装要求	(1)当设计无要求时，电缆支架层间净距不应小于2倍电缆外径加10mm，35kV电缆不应小于2倍电缆外径加50mm。 (2)最上层电缆支架距构筑物顶板或梁底的最小净距应满足电缆引接至上方配电柜、台、箱、盘时电缆弯曲半径的要求。 (3)电缆支架距其他设备的最小净距不应小于300mm，当无法满足要求时应设置防护板
2	电缆本体敷设要求	(1)交流单芯电缆或分相后的每相电缆不得单根穿于钢导管内，固定用的夹具和支架不应形成闭合磁路。 (2)电缆出入电缆沟，电气竖井，建筑物，配电(控制)柜、台、箱处以及管子管口处等部位应采取防火或密封措施。 (3)电缆出入电缆梯架、托盘、槽盒及配电(控制)柜、台、箱、盘处应做固定。 (4)当电缆通过墙、楼板或室外敷设穿导管保护时，导管的内径不应小于电缆外径的1.5倍

★高频考点：导管内穿线和槽盒内导线敷设要求

序号	项目	内容
1	导管内穿线要求	(1)绝缘导线穿管前，应清除管内杂物和积水，绝缘导线穿入金属导管的管口在穿线前应装设护线口。 (2)绝缘导线接头应设置在专用接线盒(箱)或器具内，不得设置在导管和槽盒内，接线盒(箱)的设置位置应便于检修。 (3)同一交流回路的绝缘导线不应敷设于不同的金属槽盒内或穿于不同金属导管内。 (4)不同回路、不同电压等级和交流与直流线路的绝缘导线不应穿于同一导管内
2	槽盒内敷线要求	(1)同一槽盒内不宜同时敷设绝缘导线和电缆。 (2)同一路径无抗干扰要求的线路，可敷设于同一槽盒内

★高频考点：照明配电箱施工安装要求

序号	项目	内容
1	照明配电箱检查	(1)照明配电箱的箱体应采用不燃材料制作。 (2)箱内开关动作应灵活可靠。 (3)箱内宜分别设置中性导体(N)和保护接地导体(PE)汇流排
2	照明配电箱安装要求	(1)箱体应安装牢固、位置正确、部件齐全，安装高度应符合设计要求，垂直度允许偏差不应大于1.5‰。 (2)照明配电箱不应设置在水管的正下方
3	照明配电箱内配线要求	(1)照明配电箱内配线应整齐、无绞接现象。 (2)同一电器器件端子上的导线连接不应多于2根，防松垫圈等零件应齐全。 (3)汇流排上同一端子不应连接不同回路的N线或PE线
4	电涌保护器SPD安装要求	(1)照明配电箱内电涌保护器SPD的型号规格及安装布置应符合设计要求。 (2)SPD的接线形式应符合设计要求，接地导线的位置不宜靠近出线位置，SPD的连接导线应平直、足够短，且不宜大于0.5m

★高频考点：灯具施工安装要求

序号	项目	内容
1	灯具现场检查要求	(1)I类灯具的外露可导电部分应具有专用的PE端子。 (2)消防应急灯具应获得消防产品型式试验合格评定，且具有认证标志。 (3)水下灯及防水灯具的防护等级应符合设计要求，当对其密闭和绝缘性能有异议时，应按批抽样送有资质的试验室检测。 (4)灯具内部接线应为铜芯绝缘导线，其截面应与灯具功率相匹配，且不应小于$0.5mm^2$。 (5)灯具的绝缘电阻值不应小于2MΩ，灯具内绝缘导线的绝缘层厚度不应小于0.6mm
2	灯具安装条件	(1)灯具安装前，应确认安装灯具的预埋螺栓及吊杆、吊顶上安装嵌入式灯具用的专用支架等已完成，对需做承载试验的预埋件或吊杆经试验应合格。 (2)影响灯具安装的模板、脚手架应已拆除，顶棚和墙面喷浆、油漆或壁纸等及地面清理工作应已完成。

序号	项目	内容
2	灯具安装条件	(3)灯具接线前,导线的绝缘电阻测试应合格。 (4)高空安装的灯具,应先在地面进行通电试验合格
3	灯具固定要求	(1)灯具固定应牢固可靠,在砌体和混凝土结构上严禁使用木榫、尼龙塞或塑料塞固定;检查时按每检验批的灯具数量抽查5%,且不得少于1套。 (2)质量大于10kg的灯具,固定装置及悬吊装置应按灯具重量的5倍恒定均布载荷做强度试验,且持续时间不得少于15min。施工或强度试验时观察检查,查阅灯具固定装置及悬吊装置的载荷强度试验记录;应全数检查。 (3)吸顶或墙面上安装的灯具,其固定螺栓或螺钉不应少于2个,灯具应紧贴饰面。 (4)悬吊式灯具安装要求: ①质量大于0.5kg的软线吊灯,灯具的电源线不应受力。 ②质量大于3kg的悬吊灯具,固定在螺栓或预埋吊钩上,螺栓或预埋吊钩的直径不应小于灯具挂销直径,且不应小于6mm。 ③当采用钢管作灯具吊杆时,其内径不应小于10mm,壁厚不应小于1.5mm。 ④灯具与固定装置及灯具连接件之间采用螺纹连接的螺纹啮合扣数不应少于5扣
4	灯具的接线要求	(1)引向单个灯具的绝缘导线截面应与灯具功率相匹配,绝缘铜芯导线的线芯截面不应小于1mm^2。 (2)软线吊灯的软线两端应做保护扣,两端线芯应搪锡。 (3)连接灯具的软线应盘扣、搪锡压线,当采用螺口灯头时,相线应接于螺口灯头中间的端子上。 (4)由接线盒引至嵌入式灯具或槽灯的绝缘导线应采用柔性导管保护,不得裸露,且不应在灯槽内明敷;柔性导管与灯具壳体应采用专用接头连接
5	灯具的接地要求	灯具按防触电保护形式分为Ⅰ类、Ⅱ类和Ⅲ类。 (1)Ⅰ类灯具的防触电保护不仅依靠基本绝缘,还需把外露可导电部分连接到保护导体上,因此Ⅰ类灯具外露可导电部分必须采用铜芯软导线与保护导体可靠连接,连接处应设置接地标识;铜芯软导线(接地线)的截面应与进入灯具的电源线截面相同,导线间的连接应采用导线连接器或缠绕搪锡连接。

序号	项目	内容
5	灯具的接地要求	(2)Ⅱ类灯具的防触电保护不仅依靠基本绝缘,还具有双重绝缘或加强绝缘,因此Ⅱ类灯具外壳不需要与保护导体连接。 (3)Ⅲ类灯具的防触电保护是依靠安全特低电压,电源电压不超过交流50V,采用隔离变压器供电。因此Ⅲ类灯具的外壳不容许与保护导体连接
6	灯具的防火要求	(1)容量在100W及以上的灯具,引入线应采用瓷管、矿棉等不燃材料作隔热保护。 (2)灯具表面及其附件的高温部位靠近可燃物时,应采取隔热、散热等防火保护措施
7	灯具的防水要求	(1)露天灯具安装要求: ①灯具应有泄水孔,且泄水孔应设置在灯具腔体的底部。 ②灯具及其附件、紧固件和与其相连的导管、接线盒等应有防腐蚀和防水措施。 (2)庭院灯、建筑物附属路灯安装要求: ①灯具接线盒应采用防护等级不小于IPX5的防水接线盒。 ②灯具的电器保护装置应齐全,规格应与灯具适配。 (3)水下灯及防水灯具安装要求: ①引入灯具的电源采用导管保护时,应采用塑料导管。 ②固定在水池构筑物上的所有金属部件应与保护导体可靠连接,并设置接地标识
8	专用灯具安装要求	(1)在人行道等人员来往密集场所安装的落地式景观照明灯具,当无围栏防护时,灯具距地面高度应大于2.5m;金属构架及金属保护管应分别与保护导体采用焊接或螺栓连接,连接处应设置接地标识。 (2)航空障碍标志灯安装应牢固可靠,且应有维修和更换光源的措施;对于安装在屋面接闪器保护范围以外的灯具,当需设置接闪器时,其接闪器应与屋面接闪器可靠连接
9	照明系统的测试和通电试运行	(1)导线绝缘电阻测试应在导线接续前完成。 (2)照明配电箱、灯具、开关和插座的绝缘电阻测试应在器具就位前或接线前完成。 (3)照明回路装有剩余电流动作保护器时,剩余电流动作保护器应检测合格。

序号	项目	内容
9	照明系统的测试和通电试运行	(4)备用照明电源或应急照明电源做空载自动投切试验前，应卸除负荷，有载自动投切试验应在空载自动投切试验合格后进行

★高频考点：开关插座安装技术要求

序号	项目	内容
1	开关安装技术要求	(1)安装在同一建筑物内的开关，应采用同一系列的产品，开关通断位置应一致。 (2)开关边缘距门框距离宜为0.15～0.2m，开关距地面高度宜为1.3m。 (3)在易燃、易爆和特别潮湿场所，开关应分别采用防爆型、密闭型等。 (4)电源相线应经过开关控制，然后到灯具。 (5)同一室内并列安装的空调温控器高度宜一致，且控制有序并且不错位
2	插座安装技术要求	(1)插座宜由单独的回路配电，一个房间内的插座宜由同一回路配电。在潮湿房间应装设防水插座。 (2)插座距地面高度一般为0.3m，托儿所、幼儿园及小学校的插座距地面高度不宜小于1.8m，同一场所安装的插座高度应一致。 (3)当交流、直流或不同电压等级的插座安装在同一场所时，应有明显的区别，插座不得互换。不间断电源插座及应急电源插座应设置标识。 (4)插座接线要求： ①单相两孔插座，面对插座板，右孔(或上孔)与相线(L)连接，左孔(或下孔)与中性线(N)连接。 ②单相三孔插座，面对插座板，右孔与相线(L)连接，左孔与中性线(N)连接，上孔与保护接地线(PE)连接。 ③三相四孔及三相五孔插座的保护接地线(PE)应接在上孔；插座的保护接地线端子不得与中性线端子连接；同一场所的三相插座，其接线的相序应一致。 ④保护接地线(PE)在插座之间不得串联连接。 ⑤相线(L)与中性线(N)不应利用插座本体的接线端子转接供电

★高频考点：建筑接地防雷工程的施工技术要求

序号	项目	内容
1	接地装置的敷设要求	(1)接地装置顶面埋设深度不应小于0.6m,且应在冻土层以下。 (2)圆钢、角钢、钢管、铜棒、铜排等接地极应垂直埋入地下,间距不应小于5m。 (3)人工接地体与建筑物的外墙或基础之间的水平距离不宜小于1m
2	接地装置的搭接要求	(1)扁钢与扁钢搭接不应小于扁钢宽度的2倍,且应至少三面施焊。 (2)圆钢与角钢搭接不应小于圆钢直径的6倍,且应双面施焊。 (3)圆钢与扁钢搭接不应小于圆钢直径的6倍,且应双面施焊。 (4)扁钢与钢管,扁钢与角钢焊接,应紧贴角钢外侧两面,或紧贴3/4钢管表面,上下两侧施焊。 (5)当接地极为铜材和钢材组成,且铜与铜或铜与钢材连接采用热剂焊时,接头应无贯穿性的气孔且表面平滑
3	接闪器施工要求	(1)接闪杆、接闪线、接闪带的安装位置应正确,安装方式应符合设计要求,焊接固定的焊缝应饱满无遗漏,螺栓固定的应防松零件齐全,焊接连接处应防腐完好。 (2)接闪线和接闪带安装要求: ①接闪线和接闪带安装应平正顺直、无急弯。 ②固定支架高度不宜小于150mm,固定支架应间距均匀,支架间距应符合规范的规定。 ③每个固定支架应能承受49N的垂直拉力。 (3)防雷引下线、接闪线、接闪网、接闪带的焊接连接应符合规范的搭接要求。 (4)接闪带或接闪网在过建筑物变形缝处的跨接应有补偿措施。 (5)当利用建筑物金属屋面或屋顶上旗杆、栏杆、装饰物、铁塔、女儿墙上的盖板等永久性金属物做接闪器时,其材质及截面应符合设计要求
4	引下线施工要求	(1)接闪器与防雷引下线必须采用焊接或卡接器连接,防雷引下钱与接地装置必须采用焊接或螺栓连接。 (2)明敷的引下线应平直、无急弯,并应设置专用支架固定,引下线焊接处应刷油漆防腐且无遗漏。 (3)要求接地的幕墙金属框架和建筑物的金属门窗,应就近与防雷引下线连接可靠,连接处不同金属间应采取防电化学腐蚀措施

A10 通风与空调工程施工技术要求

★高频考点：风管制作

序号	项目	内容
1	一般规定	(1)金属风管规格以外径或外边长为准,非金属风管和风道规格以内径或内边长为准。 (2)镀锌钢板及含有各类复合保护层的钢板应采用咬口连接或铆接,不得采用焊接连接。 (3)风管的密封应以板材连接的密封为主,也可采用密封胶嵌缝与其他方法。密封胶的性能应符合使用环境的要求,密封面宜设在风管的正压侧。 (4)防火风管的本体、框架与固定材料、密封垫料等必须为不燃材料,防火风管的耐火极限时间应符合系统防火设计的规定。 (5)金属风管的材料品种、规格、性能与厚度应符合设计要求,当风管厚度设计无要求时,应符合规范的规定。 (6)金属风管的加固。对于满足下列条件的金属风管应采取加固措施: ①直咬缝圆形风管直径大于等于 800mm,且管段长度大于 1250mm 或总表面积大于 $4m^2$;用于高压系统的螺旋风管直径大于 2000mm。 ②矩形风管边长大于 630mm 或矩形保温风管边长大于 800mm,管段长度大于 1250mm;或低压风管单边平面面积大于 $1.2m^2$,中、高压风管大于 $1.0m^2$。 (7)矩形内斜线和内弧形弯头应设导流片,以减少风管局部阻力和噪声
2	镀锌钢板风管制作	(1)镀锌钢板的镀锌层厚度应符合设计及合同的规定,当设计无规定时,不应采用低于 $80g/m^2$ 板材。镀锌钢板风管表面不得有 10%以上的花白、锌层粉化等镀锌层严重损坏现象。 (2)风管与配件的咬口缝应紧密、宽度应一致,折角应平直,圆弧均匀,且两端面应平行。风管表面应平整,无明显扭曲及翘角,凹凸不应大于 10mm。风管板材拼接的接缝应错开,不得有十字形接缝。 (3)风管板材采用咬口连接时,咬口的形式有单咬口、联合角咬口、转角咬口、按扣式咬口和立咬口,其中单咬口、联合角咬口、转角咬口适用于微压、低压、中压及高压系统;按扣式咬口适用于微压、低压及中压系统。

序号	项目	内容
2	镀锌钢板风管制作	(4)圆形风管无法兰连接形式包括:承插连接、带加强筋承插、角钢加固承插、芯管连接、立筋抱箍连接、抱箍连接、内胀芯管连接。其中承插连接、抱箍连接适用于 ϕ<700mm 的微压、低压风管;带加强筋承插、角钢加固承插、芯管连接、立筋抱箍连接适用于微压、低压及中压风管;内胀芯管连接适用于大口径螺旋风管。 (5)矩形风管无法兰连接形式包括:S型插条、C型插条、立咬口、包边立咬口、薄钢板法兰插条、薄钢板法兰弹簧夹、直角形平插条。其中S型插条、直角形平插条适用于微压、低压风管;其他形式适用于微压、低压和中压风管。矩形风管的弯头可采用直角、弧形或内斜线性,宜采用内外同心圆弧。 (6)风管的加固形式有:角钢加固、折角加固、立咬口加固、扁钢内支撑、镀锌螺杆内支撑、钢管内支撑加固。 (7)薄钢板法兰风管应采用机械加工,法兰条应平直,弯曲度不大于5‰,薄钢板法兰与风管连接可采用铆接、焊接或本体压接等。当采用弹簧夹时应具有弹性强度且与薄钢板匹配,长度宜为120~150mm,四角均设螺栓孔
3	普通钢板风管制作	(1)普通钢板风管采用焊接连接,焊接焊缝应饱、平整,不应有凸瘤、穿透的夹渣和气孔、裂缝缺陷。 (2)风管与法兰的焊缝应低于法兰的端面,除尘系统风管宜采用内侧满焊、外侧间断焊的形式。当风管与法兰采用点焊固定连接时,焊缝应熔合良好,间距不大于100mm。 (3)焊接完成后,应对焊缝除渣、防腐和板材校平
4	不锈钢板风管制作	(1)不锈钢风管法兰采用不锈钢材质,法兰与风管采用内侧满焊、外侧点焊的形式。加固法兰采用两侧点焊的形式与风管固定,点焊的间距不大于150mm。 (2)铆钉连接时铆钉材料与风管材质相同,防止产生电化学腐蚀
5	复合材料风管制作	(1)复合材料风管包括:双面铝箔复合绝热材料风管、铝箔玻璃纤维复合材料风管和机制玻璃纤维增强氯氧镁水泥复合风管。双面铝箔复合绝热材料风管又包括聚氨酯铝箔复合风管和酚醛铝箔复合风管。 (2)复合材料风管的覆面材料必须为不燃材料,内层的绝热材料应采用不燃或难燃且对人体无害的材料。

序号	项目	内容
5	复合材料风管制作	(3)双面铝箔复合绝热材料风管的边长大于1600mm时，板材拼接应采用H形PVC或铝合金加固条。内支撑加固的镀锌螺杆直径不小于8mm，穿管壁处应进行密封处理。 (4)铝箔玻璃纤维复合风管可采用承插阶梯接口和外套角钢法兰两种形式
6	非金属风管制作	(1)硬聚氯乙烯风管 ①风管两端面应平行，不应有扭曲，外径或外边长的允许偏差不应大于2mm。表面应平整，圆弧应均匀，凹凸不应大于5mm。 ②矩形风管的四角可采用煨角或焊接连接。当采用煨角连接时，纵向焊缝距煨角处宜大于80mm。 (2)玻璃钢风管 ①微压、低压及中压系统有机玻璃钢风管板材的厚度、无机玻璃钢(氯氧镁水泥)风管板材的厚度、风管玻璃纤维布厚度与层数应符合规范的规定，且不得采用高碱玻璃纤维布。风管表面不得出现泛卤及严重泛霜。 ②玻璃钢风管法兰螺栓孔的间距不得大于120mm。矩形风管法兰的四角处，应设有螺孔。法兰与风管的连接应牢固，内角交界处应采用圆弧过渡。管口与风管轴线成直角，平面度的允许偏差不应大于3mm；螺孔的排列应均匀，至管口的距离应一致，允许偏差不应大于2mm。 ③矩形玻璃钢风管的边长大于900mm，且管段长度大于1250mm时，应采取加固措施。加固筋的分布应均匀整齐。玻璃钢风管的加固应为本体材料或防腐性能相同的材料，加固件应与风管成为整体

★高频考点：部件制作

序号	项目	内容
1	成品风阀	(1)风阀应设有开度指示装置，并应能准确反映阀片开度。 (2)手动风量调节阀的手轮或手柄应以顺时针方向转动为关闭。 (3)电动、气动调节阀的驱动执行装置，动作应可靠，且在最大工作压力下工作应正常。 (4)工作压力大于1000Pa的调节风阀，生产厂应提供在1.5倍工作压力下能自由开关的强度测试合格的证书或试验报告。 (5)密闭阀应能严密关闭，漏风量应符合设计要求

序号	项目	内容
2	消声器、消声弯头	(1)消声器的类别、消声性能及空气阻力应符合设计要求和产品技术文件的规定。 (2)消声器制作所选用的材料应符合设计的规定，如防火、防潮、防腐和卫生性能等要求，外壳应牢固、严密，填充的消声材料应按规定的密度均匀敷设。 (3)矩形消声弯管平面边长大于800mm时，应设置吸声导流片。 (4)消声器内消声材料的织物覆面层应平整，不应有破损，并应顺气流方向进行搭接。 (5)消声器内的织物覆面层应有保护层，保护层应采用不易锈蚀的材料，不得使用普通铁丝网。当使用穿孔板保护层时，穿孔率应大于20%
3	柔性短管	(1)应采用抗腐、防潮、不透气及不易霉变的柔性材料。 (2)柔性短管的长度宜为150～250mm，接缝的缝制或粘接应牢固、可靠，不应有开裂；成型短管应平整，无扭曲等现象。 (3)柔性短管不应为异径连接管；矩形柔性短管与风管连接不得采用抱箍固定的形式。 (4)柔性短管与法兰组装宜采用压板铆接连接，铆钉间距宜为60～80mm

★高频考点：风管系统安装要求

序号	项目	内容
1	一般规定	(1)当风管穿过需要封闭的防火、防爆的墙体或楼板时，必须设置厚度不小于1.6mm的钢制防护套管；风管与防护套管之间，应采用不燃柔性材料封堵严密。风管穿越建筑物变形缝空间时，应设置柔性短管，风管穿越建筑物变形缝墙体时，应设置钢制套管，风管与套管之间应采用柔性防水材料填充密实。 (2)风管安装必须符合下列规定： ①风管内严禁其他管线穿越。 ②输送含有易燃、易爆气体或安装在易燃、易爆环境的风管系统必须设置可靠的防静电接地装置。 ③输送含有易燃、易爆气体的风管通过生活区或其他辅助生产房间时不得设置接口。 ④室外风管系统的拉索等金属固定件严禁与避雷针或避雷网连接。

序号	项目	内容
1	一般规定	(3)风管系统安装完毕后,应按系统类别要求进行施工质量外观检验。合格后,应进行风管系统的严密性检验,漏风量应符合规范允许的数值
2	金属风管安装	(1)风管支吊架安装: ①金属风管水平安装,直径或边长小于等于400mm时,支、吊架间距不应大于4m;大于400mm时,间距不应大于3m。螺旋风管的支、吊架的间距可为5m与3.75m;薄钢板法兰风管的支、吊架间距不应大于3m。垂直安装时,应设置至少2个固定点,支架间距不应大于4m。 ②支、吊架的设置不应影响阀门、自控机构的正常动作,且不应设置在风口、检查门处,离风口和分支管的距离不宜小于200mm。 ③悬吊的水平主、干风管直线长度大于20m时,应设置不少于1个防晃支架或防止摆动的固定支架。 ④风管或空调设备使用的可调节减振支、吊架,拉伸或压缩量应符合设计要求。 ⑤不锈钢板、铝板风管与碳素钢支架的接触处,应采取隔绝或防腐绝缘措施。 (2)风管安装: ①风管安装的位置、标高、走向,应符合设计要求。现场风管接口的配置应合理,不得缩小其有效截面。 ②法兰的连接螺栓应均匀拧紧,螺母宜在同一侧。 ③风管接口的连接应严密牢固。风管法兰的垫片材质应符合系统功能的要求,厚度不应小于3mm。垫片不应凸入管内,且不宜突出法兰外;垫片接口交叉长度不应小于30mm。 ④风管与砖、混凝土风道的连接接口,应顺着气流方向插入,并应采取密封措施。风管穿出屋面处应设置防雨装置,且不得渗漏。 ⑤外保温风管必须穿越封闭的墙体时,应加设套管。 ⑥风管的连接应平直。明装风管水平安装时,水平度的允许偏差应为3‰,总偏差不应大于20mm;明装风管垂直安装时,垂直度的允许偏差应为2‰,总偏差不应大于20mm。暗装风管安装的位置应正确,不应有侵占其他管线安装位置的现象。 (3)金属无法兰连接风管的安装应符合下列规定: ①风管连接处应完整,表面应平整。

序号	项目	内容
2	金属风管安装	②承插式风管的四周缝隙应一致,不应有折叠状褶皱。内涂的密封胶应完整,外粘的密封胶带应粘贴牢固。 ③矩形薄钢板法兰风管可采用弹性插条、弹簧夹或U形紧固螺栓连接。连接固定的间隔不应大于150mm,净化空调系统风管的间隔不应大于100mm,且分布应均匀。当采用弹簧夹连接时,宜采用正反交叉固定方式,且不应松动。 (4)柔性短管的安装: 松紧适度,目测平顺,不应有强制性的扭曲。可伸缩金属或非金属柔性风管的长度不宜大于2m。柔性风管支、吊架的间距不应大于1500mm,承托的座或箍的宽度不应小于25mm,两支架间风道的最大允许下垂应为100mm,且不应有死弯或塌凹
3	复合材料风管安装	(1)复合材料风管的连接处,接缝应牢固,不应有孔洞和开裂。当采用插接连接时,接口应匹配,不应松动,端口缝隙不应大于5mm。 (2)复合材料风管采用金属法兰连接时,应采取防冷桥的措施。 (3)酚醛铝箔复合板风管与聚氨酯铝箔复合板风管的安装要求: ①插接连接法兰四角的插条端头与护角应有密封胶封堵。 ②中压风管的插接连接法兰之间应加密封垫或采取其他密封措施。 (4)玻璃纤维复合板风管的安装要求: ①风管的铝箔复合面与丙烯酸等树脂涂层不得损坏,风管的内角接缝处应采用密封胶勾缝。 ②采用槽形插接等连接构件时,风管端切口应采用铝箔胶带或刷密封胶封堵。 ③风管垂直安装宜采用“井”字形支架,连接应牢固。 (5)玻璃纤维增强氯氧镁水泥复合材料风管,应采用粘接连接。直管长度大于30m时,应设置伸缩节
4	阀门、部件安装	(1)风阀安装: ①风管部件及操作机构的安装,应便于操作。

序号	项目	内容
4	阀门、部件安装	②斜插板风阀安装时，阀板应顺气流方向插入；水平安装时，阀板应向上开启。 ③止回阀、定风量阀的安装方向应正确。 ④风阀应安装在便于操作及检修的部位。安装后，手动或电动操作装置应灵活可靠，阀板关闭应严密。 ⑤直径或长边尺寸大于等于 630mm 的防火阀，应设独立支、吊架。 ⑥除尘系统吸入管段的调节阀，宜安装在垂直管段上。 (2)消声器及静压箱的安装应符合下列规定： ①消声器及静压箱安装时，应设置独立支、吊架，固定应牢固。 ②当采用回风箱作为静压箱时，回风口处应设置过滤网。 (3)风口的安装应符合下列规定： ①风口表面应平整、不变形，调节应灵活、可靠。同一厅室、房间内的相同风口的安装高度应一致，排列应整齐。风口与装饰面贴合应紧密。 ②明装无吊顶的风口，安装位置和标高允许偏差应为 10mm。 ③风口水平安装，水平度的允许偏差应为 3‰。 ④风口垂直安装，垂直度的允许偏差应为 2‰

★高频考点：风管制作安装的检验与试验

1. 风管批量制作前，对风管制作工艺进行检测或检验时，应进行风管强度与严密性试验。如试验压力，低压风管为 1.5 倍的工作压力；中压风管为 1.2 倍的工作压力，且不低于 750Pa；高压风管为 1.2 倍的工作压力。排烟、除尘、低温送风及变风量空调系统风管的严密性应符合中压风管的规定。

2. 风管系统安装完成后，应对安装后的主、干风管分段进行严密性试验。严密性检验，主要检验风管、部件制作加工后的咬口缝、铆接孔、风管的法兰翻边、风管管段之间的连接严密性，检验合格后方能交付下道工序。

★高频考点：水管道安装技术要求

序号	项目	内容
1	冷冻冷却水管道安装技术要求	（1）管道焊接对口平直度的允许偏差应为1%，全长不应大于10mm。管道与设备的固定焊口应远离设备，且不宜与设备接口中心线相重合。 （2）螺纹连接管道的螺纹应清洁规整，断丝或缺丝不应大于螺纹全扣数的10%。管道的连接应牢固，接口处的外露螺纹应为2～3扣，不应有外露填料。镀锌管道的镀锌层应保护完好，局部破损处应进行防腐处理。 （3）法兰连接管道的法兰面应与管道中心线垂直，且应同心。法兰对接应平行，偏差不应大于管道外径的1.5‰，且不得大于2mm。连接螺栓长度应一致，螺母应在同一侧，并应均匀拧紧。紧固后的螺母应与螺栓端部平齐或略低于螺栓。法兰衬垫的材料、规格与厚度应符合设计要求。 （4）管道与水泵、制冷机组的接口应为柔性接管，且不得强行对口连接。与其连接的管道应设置独立支架。 （5）固定在建筑结构上的管道支、吊架，不得影响结构体的安全。管道穿越墙体或楼板处应设钢制套管，管道接口不得置于套管内，钢制套管应与墙体饰面或楼板底部平齐，上部应高出楼层地面20～50mm，且不得将套管作为管道支撑。当穿越防火分区时，应采用不燃材料进行防火封堵；保温管道与套管四周的缝隙，应使用不燃绝热材料填塞紧密。 （6）管道与设备连接处应设置独立支、吊架。当设备安装在减振基座上时，独立支架的固定点应为减振基座。 （7）冷（热）媒水、冷却水系统管道机房内总、干管的支、吊架，应采用承重防晃管架，与设备连接的管道管架宜采取减振措施。当水平支管的管架采用单杆吊架时，应在系统管道的起始点、阀门、三通、弯头处及长度每隔15m处设置承重防晃支、吊架。 （8）冷（热）水管道与支、吊架之间，应设置衬垫。衬垫的承压强度应满足管道全重，且应采用不燃与难燃硬质绝热材料或经防腐处理的木衬垫。衬垫的厚度不应小于绝热层厚度，宽度应不小于支、吊架支承面的宽度。衬垫的表面应平整、上下两衬垫接合面的空隙应填实。 （9）设有补偿器的管道应设置固定支架和导向支架，其结构形式和固定位置应符合设计要求；管道系统水压试验后，应及时松开波纹补偿器调整螺杆上的螺母，使补偿器处于自由状态

序号	项目	内容
2	冷凝水管道安装技术要求	冷凝水排水管的坡度应符合设计要求。当设计无要求时，管道坡度宜大于或等于 8‰，且应坡向出水口。设备与排水管的连接应采用软接，并应保持畅通

★高频考点：水系统阀部件安装技术要求

序号	项目	内容
1	阀门的安装	(1)阀门安装前应进行外观检查，工作压力大于1.0MPa及在主干管上起到切断作用和系统冷、热水运行转换调节功能的阀门和止回阀，应进行壳体强度和阀瓣密封性能的试验，且试验合格。 强度试验压力应为常温条件下公称压力的1.5倍，持续时间不应少于5min，阀门的壳体、填料应无渗漏。严密性试验压力应为公称压力的1.1倍，在试验持续的时间内应保持压力不变。 (2)阀门安装的位置、高度、进、出口方向应正确，且应便于操作。连接应牢固紧密，启闭应灵活。成排阀门的排列应整齐美观，在同一平面上的允许偏差不应大于3mm。 (3)安装在保温管道上的手动阀门的手柄不得朝向下。 (4)电动阀门的执行机构应能全程控制阀门的开启与关闭
2	补偿器的安装	(1)补偿器的补偿量和安装位置应符合设计文件的要求，并应根据设计计算的补偿量进行预拉伸或预压缩。 (2)波纹管膨胀节或补偿器内套有焊缝的一端，水平管路上应安装在水流的流入端，垂直管路上应安装在上端
3	除污器、自动排气装置安装	(1)电动、气动等自控阀门安装前应进行单体调试，启闭试验应合格。 (2)冷(热)水和冷却水系统的水过滤器应安装在进入机组、水泵等设备前端的管道上，安装方向应正确，安装位置应便于滤网的拆装和清洗，与管道连接应牢固严密。 (3)闭式管路系统应在系统最高处及所有可能积聚空气的管段高点设置排气阀，在管路最低点应设有排水管及排水阀

★高频考点：水系统强度严密性试验及管道冲洗技术要求

序号	项目	内容
1	冷冻、冷却水管道水压试验	(1)冷(热)水、冷却水与蓄能(冷、热)系统的试验压力,当工作压力小于等于1.0MPa时,应为1.5倍工作压力,最低不应小于0.6MPa;当工作压力大于1.0MPa时,应为工作压力加0.5MPa。 (2)系统最低点压力升至试验压力后,应稳压10min,压力下降不应得大于0.02MPa,然后应将系统压力降至工作压力,外观检查无渗漏为合格。对于大型、高层建筑等垂直位差较大的冷(热)水、冷却水管道系统,当采用分区、分层试压时,在该部位的试验压力下,应稳压10min,压力不得下降,再将系统压力降至该部位的工作压力,在60min内压力不得下降、外观检查无渗漏为合格。 (3)各类耐压塑料管的强度试验压力(冷水)应为1.5倍工作压力,且不应小于0.9MPa;严密性试验压力应为1.15倍的设计工作压力
2	冷凝水管道充水通水试验	凝结水系统采用通水试验,应以不渗漏、排水畅通为合格
3	空调水系统管路冲洗、排污	合格的条件是目测排出口的水色和透明度与入口的水对比应相近,且无可见杂物。当系统继续运行2h以上,水质保持稳定后,方可与设备相贯通

★高频考点：通风与空调工程系统调试要求

序号	项目	内容
1	调试准备	(1)通风与空调工程竣工验收的系统调试,应由施工单位负责,监理单位监督,设计单位与建设单位参与和配合。 (2)系统调试前应编制调试方案,并应报送专业监理工程师审核批准。系统调试应由专业施工和技术人员实施,调试结束后,应提供完整的调试资料和报告。 (3)系统调试所使用的测试仪器应在使用合格检定或校准合格有效期内,精度等级及最小分度值应能满足工程性能测定的要求
2	设备单机试运转及调试要求	(1)通风机、空气处理机组中的风机,叶轮旋转方向应正确、运转应平稳、应无异常振动与声响,电机运行功率应符合设备技术文件要求。

序号	项目	内容
2	设备单机试运转及调试要求	(2)水泵叶轮旋转方向应正确,应无异常振动和声响,紧固连接部位应无松动,温升正常,电机运行功率应符合设备技术文件要求。 (3)冷却塔风机与冷却水系统循环试运行不应小于2h,运行应无异常。冷却塔本体应稳固、无异常振动。冷却塔运行产生的噪声不应大于设计及设备技术文件的规定值,水流量应符合设计要求。 (4)制冷机组运转应平稳、应无异常振动与声响。各连接和密封部位不应有松动、漏气、漏油等现象。吸、排气的压力和温度应在正常工作范围内。能量调节装置及各保护继电器、安全装置的动作应正确、灵敏、可靠。正常运转不应少于8h。 (5)风机盘管机组的调速、温控阀的动作应正确,并应与机组运行状态一一对应,中档风量的实测值应符合设计要求
3	系统非设计满负荷条件下的联合试运转及调试	(1)应在设备单机试运转合格后进行。 (2)通风系统的连续试运行应不少于2h,空调系统带冷(热)源的连续试运行应不少于8h。联合试运行及调试不在制冷期或供暖期时,仅做不带冷(热)源的试运行及调试,并在第一个制冷期或供暖期内补做
4	系统非设计满负荷条件下的联合试运转及调试内容	(1)监测与控制系统的检验、调整与联动运行。 (2)系统风量的测定和调整(通风机、风口、系统平衡)。 (3)空调水系统的测定和调整。 (4)室内空气参数的测定和调整。 (5)防排烟系统测定和调整。防排烟系统测定风量、风压及疏散楼梯间等处的静压差,并调整至符合设计与消防的规定
5	系统非设计满负荷条件下的联合试运转及调试应符合的规定	(1)系统总风量调试结果与设计风量的允许偏差应为$-5\%\sim+10\%$,建筑内各区域的压差应符合设计要求。系统经过风量平衡调整,各风口及吸风罩的风量与设计风量的允许偏差不应大于15%。设备及系统主要部件的联动应符合设计要求,动作应协调正确,不应有异常现象。 (2)空调水系统应排除管道系统中的空气;系统连续运行应正常平稳;水泵的流量、压差和水泵电机的电流不应出现10%以上的波动。空调冷(热)水系统、冷却水系统的总流量与设计流量的偏差不应大于10%。

序号	项目	内容
5	系统非设计满负荷条件下的联合试运转及调试应符合的规定	(3)水系统平衡调整后，定流量系统的各空气处理机组的水流量应符合设计要求，允许偏差应为15%；变流量系统的各空气处理机组的水流量应符合设计要求，允许偏差应为10%。 (4)冷水机组的供回水温度和冷却塔的出水温度应符合设计要求；多台制冷机或冷却塔并联运行时，各台制冷机及冷却塔的水流量与设计流量的偏差不应大于10%。 (5)舒适性空调的室内温度应优于或等于设计要求；恒温恒湿和净化空调的室内温、湿度应符合设计要求

★高频考点：设备安装施工技术要求

序号	项目	内容
1	制冷机组及附属设备安装要求	(1)整体组合式制冷机组机身纵、横向水平度的允许偏差应为1‰。当采用垫铁调整机组水平度时，应接触紧密并相对固定。 (2)制冷设备或制冷附属设备基(机)座下减振器的安装位置应与设备重心相匹配，各个减振器的压缩量应均匀一致，且偏差不应大于2mm。 (3)采用弹性减振器的制冷机组，应设置防止机组运行时水平位移的定位装置。 (4)冷热源与辅助设备的安装位置应满足设备操作及维修空间要求，四周应有排水设施
2	冷却塔安装要求	(1)基础的位置、标高应符合设计要求，允许误差应为±20mm，进风侧距建筑物应大于1m。冷却塔部件与基座的连接应采用镀锌或不锈钢螺栓，固定应牢固。 (2)冷却塔安装应水平，单台冷却塔的水平度和垂直度允许偏差应为2‰。多台冷却塔安装时，排列应整齐，各台开式冷却塔的水面高度应一致，高度偏差值不应大于30mm。当采用共用集管并联运行时，冷却塔集水盘(槽)之间的连通管应符合设计要求。 (3)冷却塔的集水盘应严密、无渗漏，进、出水口的方向和位置应正确。静止分水器的布水应均匀；转动布水器喷水出口方向应一致，转动应灵活、水量应符合设计或产品技术文件的要求

序号	项目	内容
3	水泵安装	(1)水泵减振板可采用型钢制作或采用钢筋混凝土浇筑。 (2)多台水泵成排安装时,应排列整齐。整体安装的泵的纵向水平偏差不应大于0.1‰,横向水平偏差不应大于0.2‰。组合安装的泵的纵、横向安装水平偏差不应大于0.05‰。水泵与电机采用联轴器连接时,联轴器两轴芯的轴向倾斜不应大于0.2‰,径向位移不应大于0.05mm。整体安装的小型管道水泵目测应水平,不应有偏斜。 (3)减振器与水泵及水泵基础的连接,应牢固平稳、接触紧密
4	组合式空调机组、新风机组安装	(1)供、回水管与机组的连接应正确,机组下部冷凝水管的水封高度应符合设计或设备技术文件的要求。 (2)机组与风管采用柔性短管连接时,柔性短管的绝热性能应符合风管系统的要求。 (3)机组内空气过滤器(网)和空气热交换器翅片应清洁、完好,安装位置应便于维护和清理,空气处理机组与空气热回收装置的过滤器应在单机试运转完成后安装。 (4)空气热回收器的安装位置及接管应正确,转轮式空气热回收器的转轮旋转方向应正确,运转应平稳,且不应有异常振动与声响
5	风机盘管安装	(1)机组安装前宜进行风机三速试运转及盘管水压试验。试验压力应为系统工作压力的1.5倍,试验观察时间应为2min,不渗漏为合格。 (2)机组应设独立支、吊架,固定应牢固,高度与坡度应正确。 (3)风机盘管机组与管道的连接,应采用耐压值大于或等于1.5倍工作压力的金属或非金属柔性连接,连接应牢固
6	风机安装	(1)落地安装时,应按设计要求设置减振装置,并应采取防止设备水平位移的措施。悬挂安装时,吊架及减振装置应符合设计及产品技术文件的要求。 (2)减振器的安装位置应正确,各组或各个减振器承受荷载的压缩量应均匀一致,偏差应小于2mm。 (3)风机的进、出口不得承受外加的重量,相连接的风管、阀件应设置独立的支、吊架。 (4)风机传动装置的外露部位以及直通大气的进、出风口,必须装设防护罩、防护网或采取其他安全防护措施

★高频考点：管道防腐、绝热施工技术要求

序号	项目	内容
1	管道及支吊架防腐施工要求	(1)防腐工程施工时，应采取防火、防冻、防雨等措施，且不应在潮湿或低于5℃的环境下作业，并应采取相应的环境保护和劳动保护措施。 (2)支、吊架的防腐处理应与风管或管道相一致，明装部分最后一遍色漆宜在安装完毕后进行。 (3)防腐涂料的涂层应均匀，不应有堆积、漏涂、皱纹、气泡、掺杂及混色等缺陷
2	风管及管道绝热施工要求	(1)风管和管道的绝热层、绝热防潮层和保护层，应采用不燃或难燃材料，材质、密度、规格与厚度应符合设计要求。 (2)风管、部件及空调设备绝热工程施工应在风管系统严密性试验合格后进行。空调水系统和制冷系统管道的绝热施工，应在管路系统强度与严密性检验合格和防腐处理结束后进行。 (3)绝热层应满铺，表面应平整，不应有裂缝、空隙等缺陷。当采用卷材或板材时，允许偏差应为5mm；当采用涂抹或其他方式时，允许偏差应为10mm。 (4)风管及管道的绝热防潮层(包括绝热层的端部)应完整，并应封闭良好。立管的防潮层环向搭接缝口应顺水流方向设置；水平管的纵向缝应位于管道的侧面，并应顺水流方向设置；带有防潮层绝热材料的拼接缝应采用粘胶带封严，缝两侧粘胶带粘结的宽度不应小于20mm。胶带应牢固地粘贴在防潮层面上，不得有胀裂和脱落。 (5)橡塑绝热材料的施工应符合下列规定： ①绝热层的纵、横向接缝应错开，缝间不应有孔隙，与管道表面应贴合紧密，不应有气泡。 ②矩形风管绝热层的纵向接缝宜处于管道上部。 ③多重绝热层施工时，层间的拼接缝应错开。 (6)风管绝热材料采用保温钉固定时，应符合下列规定： ①保温钉与风管、部件及设备表面的连接，应采用粘结或焊接，结合应牢固，不应脱落；不得采用抽芯铆钉或自攻螺丝等破坏风管严密性的固定方法。 ②矩形风管及设备表面的保温钉应均布，风管保温钉数量应符合规定。首行保温钉距绝热材料边沿的距离应小于120mm，保温钉的固定压片应松紧适度、均匀压紧。

序号	项目	内容
2	风管及管道绝热施工要求	③绝热材料纵向接缝不宜设在风管底面。 (7)管道采用玻璃棉或岩棉管壳保温时，管壳规格与管道外径应相匹配，管壳的纵向接缝应错开，管壳应采用金属丝、粘结带等捆扎，间距应为300～350mm，且每节至少应捆扎两道
3	金属保护壳的施工规定	(1)圆形保护壳应贴紧绝热层，不得有脱壳、褶皱、强行接口等现象。接口搭接应顺水流方向设置，并应有凸筋加强，搭接尺寸应为20～25mm。采用自攻螺钉紧固时，螺钉间距应匀称，且不得刺破防潮层。 (2)矩形保护壳表面应平整，楞角应规则，圆弧应均匀，底部与顶部不得有明显的凸肚及凹陷

★高频考点：多联机系统施工技术要求

序号	项目	内容
1	室内机、室外机安装要求	(1)安装在户外的室外机组应可靠接地，并应采取防雷保护措施。室外机组应安装在设计专用平台上，并应采取减振与防止紧固螺栓松动的措施。 (2)室外机的通风应通畅，不应有短路现象，运行时不应有异常噪声。当多台机组集中安装时，不应影响相邻机组的正常运行。 (3)风管式室内机的送、回风口之间，不应形成气流短路。风口安装应平整，且应与装饰线条相一致
2	制冷剂管道、管件安装	(1)制冷剂管道弯管的弯曲半径不应小于3.5倍管道直径，最大外径与最小外径之差不应大于0.08倍管道直径，且不应使用焊接弯管及皱褶弯管。 (2)制冷剂管道的分支管，应按介质流向弯成90°与主管连接，不宜使用弯曲半径小于1.5倍管道直径的压制弯管。 (3)铜管切口应平整，不得有毛刺、凹凸等缺陷，切口允许倾斜偏差应为管径的1%；管扩口应保持同心，不得有开裂及皱褶，并应有良好的密封面。 (4)铜管采用承插钎焊焊接连接时，承口应迎着介质流动方向。当采用套管钎焊焊接连接时，插接深度符合规定；当采用对接焊接时，管道内壁应齐平，错边量不应大于0.1倍壁厚，且不大于1mm

序号	项目	内容
3	制冷剂管道试验要求	(1)制冷剂管道系统安装完毕，外观检查合格后，应进行系统管路吹污、气密性试验、真空试验和充注制冷剂检漏试验，技术数据应符合产品技术文件和国家现行标准的有关规定。 (2)制冷系统的吹扫排污应采用压力为0.5～0.6MPa(表压)的干燥压缩空气或氮气，应以白色(布)标识靶检查5min，目测无污物为合格。系统吹扫干净后，系统中阀门的阀芯拆下清洗应干净
4	系统调试要求	多联式空调(热泵)机组系统应在充灌定量制冷剂后，进行系统的试运转，并应符合下列规定： (1)系统应能正常输出冷风或热风，在常温条件下可进行冷热的切换与调控。 (2)室内机的试运转不应有异常振动与声响，百叶板动作应正常，不应有渗漏水现象，运行噪声应符合设备技术文件要求。 (3)具有可同时供冷、热的系统，应在满足当季工况运行条件下，实现局部内机反向工况的运行

★高频考点：太阳能供暖空调系统施工技术要求

序号	项目	内容
1	太阳能集热器安装要求	(1)支撑集热器的支架应按设计要求可靠固定在基座上或基座的预埋件上，位置准确，角度一致，集热器安装倾角误差不应大于±3°。 (2)集热器与集热器之间的连接宜采用柔性连接，且密封可靠、无泄漏、无扭曲变形。 (3)钢结构支架及预埋件应做防腐处理。集热器支架和金属管路系统应与建筑物防雷接地系统可靠连接
2	蓄能水箱安装要求	(1)蓄能水箱采用钢板焊接水箱时，水箱内外壁均应进行防腐处理，内壁防腐材料应卫生、无毒，且应能承受热水的最高温度。 (2)蓄能水箱和支架之间应有隔热垫。水箱应进行检漏试验，蓄能水箱的保温应在检漏试验合格后进行

★高频考点：通风与空调系统调试

序号	项目	内容
1	设备单机试运转及调试要求	(1)通风机、空气处理机组中的风机，叶轮旋转方向应正确、运转应平稳、应无异常振动与声响，电机运行功率应符合设备技术文件要求。 (2)水泵叶轮旋转方向应正确，应无异常振动和声响，紧固连接部位应无松动，电机运行功率应符合设备技术文件要求。 (3)冷却塔风机与冷却水系统循环试运行不应小于2h，运行应无异常。冷却塔本体应稳固、无异常振动。冷却塔运行产生的噪声不应大于设计及设备技术文件的规定值，水流量应符合设计要求。 (4)制冷机组运转应平稳、应无异常振动与声响。各连接和密封部位不应有松动、漏气、漏油等现象。吸、排气的压力和温度应在正常工作范围内。能量调节装置及各保护继电器、安全装置的动作应正确、灵敏、可靠。正常运转不应少于8h。 (5)风机盘管机组的调速、温控阀的动作应正确，并应与机组运行状态一一对应，中档风量的实测值应符合设计要求
2	系统非设计满负荷条件下的联合试运转及调试	(1)应在设备单机试运转合格后进行。 (2)通风系统的连续试运行应不少于2h，空调系统带冷(热)源的连续试运行应不少于8h。联合试运行及调试不在制冷期或供暖期时，仅做不带冷(热)源的试运行及调试，并在第一个制冷期或供暖期内补做
3	系统非设计满负荷条件下的联合试运转及调试内容	(1)监测与控制系统的检验、调整与联动运行。 (2)系统风量的测定和调整(通风机、风口、系统平衡)。 (3)空调水系统的测定和调整。 (4)室内空气参数的测定和调整。 (5)防排烟系统测定和调整。防排烟系统测定风量、风压及疏散楼梯间等处的静压差，并调整至符合设计与消防的规定
4	系统非设计满负荷条件下的联合试运转及调试规定	(1)系统总风量调试结果与设计风量的允许偏差应为−5%～+10%，建筑内各区域的压差应符合设计要求。系统经过风量平衡调整，各风口及吸风罩的风量与设计风量的允许偏差不应大于15%。设备及系统主要部件的联动应符合设计要求，动作应协调正确，不应有异常现象。

序号	项目	内容
4	系统非设计满负荷条件下的联合试运转及调试规定	(2)空调水系统应排除管道系统中的空气;系统连续运行应正常平稳;水泵的流量、压差和水泵电机的电流不应出现10%以上的波动。空调冷(热)水系统、冷却水系统的总流量与设计流量的偏差不应大于10%。 (3)水系统平衡调整后,定流量系统的各空气处理机组的水流量应符合设计要求,允许偏差应为15%;变流量系统的各空气处理机组的水流量应符合设计要求,允许偏差应为10%。 (4)冷水机组的供回水温度和冷却塔的出水温度应符合设计要求;多台制冷机或冷却塔并联运行时,各台制冷机及冷却塔的水流量与设计流量的偏差不应大于10%。 (5)舒适性空调的室内温度应优于或等于设计要求;恒温恒湿和净化空调的室内温、湿度应符合设计要求

注:调试准备工作包括:(1)通风与空调工程竣工验收的系统调试,应由施工单位负责,监理单位监督,设计单位与建设单位参与和配合。(2)系统调试前应编制调试方案,并应报送专业监理工程师审核批准。系统调试应由专业施工和技术人员实施,调试结束后,应提供完整的调试资料和报告。(3)系统调试所使用的测试仪器应在使用合格检定或校准合格有效期内,精度等级及最小分度值应能满足工程性能测定的要求。

★高频考点:通风与空调节能验收要求

序号	项目	内容
1	材料、设备的见证取样复试	(1)通风空调工程的绝热材料,要对导热系数或热阻、密度、吸水率等指标进行复试,检验方法为现场随机抽样送检,核查复验报告,要求同一厂家同材质的绝热材料复验不得少于2次。 (2)风机盘管机组要对供冷量、供热量、风量、水阻力、功率及噪声等参数进行复试,检验方法为随机抽样送检,核查复验报告,同厂家的风机盘管机组数量在500台及以下时,抽检2台;每增加1000台时应增加抽检1台;同工程项目、同施工单位且同期施工的多个单位工程可合并计算
2	通风与空调系统节能性能检测	(1)室内温度的检测要求:居住户每户抽测卧室或起居室1间,其他建筑按房间总数抽测10%,冬季不得低于设计计算温度2℃,且不应高于1℃,夏季不得高于设计计算温度2℃,且不应低于1℃。

序号	项目	内容
2	通风与空调系统节能性能检测	(2)通风与空调系统的总风量，与设计允许偏差－5%～＋10%。各风口的风量与设计允许偏差≤15%。 (3)空调系统的冷热水、冷却水总流量应全系统检测，与设计允许偏差≤10%。空调机组的水流量，定流量系统允许偏差≤15%，变流量系统允许偏差≤10%

A11 消防工程施工程序与技术要求

★高频考点：消防工程施工程序

序号	项目	内容
1	火灾自动报警及联动控制系统施工程序	施工准备→管线敷设→线缆敷设→线缆连接→绝缘测试→设备安装→单机调试→系统调试→系统检测、验收
2	水灭火系统施工程序	(1)消防水泵(或稳压泵)施工程序：施工准备→基础验收复核→泵体安装→吸水管路安装→出水管路安装→单机调试。 (2)消火栓系统施工程序：施工准备→干管安装→立管、支管安装→箱体稳固→附件安装→管道强度和严密性试验→冲洗→系统调试。 (3)自动喷水灭火系统施工程序：施工准备→干管安装→报警阀安装→立管安装→分层干、支管安装→喷洒头支管安装→管道试压→管道冲洗→减压装置安装→报警阀配件及其他组件安装→喷洒头安装→系统通水调试。 (4)消防水炮灭火系统施工程序：施工准备→干管安装→立管安装→分层干、支管安装→管道试压→管道冲洗→消防水炮安装→动力源和控制装置安装→系统调试。 (5)高压细水雾灭火系统施工程序：施工准备→支吊架制作、安装→管道安装→管道冲洗→管道试压→吹扫→喷头安装→控制阀组部件安装→系统调试
3	干粉灭火系统施工程序	施工准备→设备和组件安装→管道安装→管道试压→吹扫→系统调试

序号	项目	内容
4	泡沫灭火系统施工程序	施工准备→设备和组件安装→管道安装→管道试压→吹扫→系统调试
5	气体灭火系统施工程序	施工准备→设备和组件安装→管道安装→管道试压→吹扫→系统调试
6	防排烟系统施工程序	施工准备→支吊架制作、安装→风管制作安装→风管强度及严密性试验→风机及阀部件安装→防排烟风口安装→单机试运行→系统调试

★高频考点：火灾自动报警及消防联动设备的施工要求

序号	项目	内容
1	消防系统的布线要求	(1)火灾自动报警线应穿入金属管内或金属线槽中，严禁与动力、照明、交流线、视频线或广播线等穿入同一线管内。 (2)消防广播线应单独穿管敷设，不能与其他弱电线管共管
2	火灾探测器的安装要求	(1)火灾探测器至墙壁、梁边的水平距离不应小于0.5m；探测器周围0.5m内不应有遮挡物；探测器至空调送风口边的水平距离不应小于1.5m；至多孔送风口的水平距离不应小于0.5m。 (2)在宽度小于3m的内走道顶棚上设置探测器时，宜居中布置。感温探测器的安装间距不应超过10m；感烟探测器的安装间距不应超过15m。 (3)探测器宜水平安装，当必须倾斜安装时，倾斜角不应大于45°。探测器的确认灯，应面向便于人员观察的主要入口方向。 (4)探测器的底座应固定牢靠，其导线连接必须可靠压接或焊接。探测器的“+”线应为红色线，“−”线应有尽有蓝色线，其余的线应根据不同用途采用其他颜色区分。但同一工程中相同用途的导线颜色应一致。 (5)缆式线型感温火灾探测器在电缆桥架、变压器等设备上安装时，宜采用接触式布置；在各种皮带输送装置上敷设时，宜敷设在装置的过热点附近。 (6)可燃气体探测器安装时，安装位置应根据探测气体密度确定。

序号	项目	内容
2	火灾探测器的安装要求	(7)剩余电流式电气火灾监控探测器负载侧的中性线不应与其他回路共用,且不应重复接地
3	手动火灾报警按钮	(1)手动火灾报警按钮应安装在明显和便于操作的部位。 (2)当安装在墙上时,其底边距地(楼)面高度宜为1.3～1.5m
4	输入(或控制)模块安装	(1)同一报警区域内的模块宜集中安装在金属箱内,不应安装在配电柜、箱或控制柜、箱内。 (2)模块(或金属箱)应独立支撑或固定,安装牢固,并应采取防潮、防腐蚀等措施
5	控制设备的安装要求	(1)火灾报警控制器、消防联动控制器等设备在墙上安装时,其底边距地(楼)面高度宜为1.3～1.5m,其靠近门轴的侧面距墙不应小于0.5m,正面操作距离不应小于1.2m;落地安装时,其底边宜高出地(楼)面0.1～0.2m。 (2)控制器的主电源应直接与消防电源连接,严禁使用电源插头。控制器与其外接备用电源之间应直接连接
6	消防广播和警报装置安装要求	(1)消防广播扬声器和警报装置宜在报警区域内均匀安装。 (2)警报装置应安装在楼梯口、消防电梯前室、建筑内部拐角等处的明显部位,距地面1.8m以上。 (3)警报装置与消防应急疏散指示标志不宜在同一面墙上,安装在同一面墙上时,距离应大于1m
7	火灾自动报警系统的调试要求	(1)火灾自动报警系统的调试应在建筑内部装修和系统施工结束后进行。 (2)火灾自动报警系统调试,应先分别对探测器、区域报警控制器、集中报警控制器、火灾报警装置和消防控制设备等逐个进行单机检测,正常后方可进行系统调试
8	火灾自动报警系统的检测验收	A类项目不合格数量为0,B类项目不合格数量小于或等于2,B类项目不合格数量与C类项目不合格数量之和小于或等于检查项目数量5%的,系统检测、验收结果应为合格;否则为不合格

★高频考点：水灭火系统施工要求

序号	项目	内容	说明
1	消火栓系统施工要求	（1）室内消火栓系统	①管径小于 100mm 的镀锌钢管宜采用螺纹连接，套丝扣时破坏的镀锌层表面及外露螺纹部分应做防腐处理；管径大于或等于 100mm 的镀锌钢管应采用法兰或沟槽式专用管件连接，镀锌钢管与法兰的焊接处应二次镀锌。 ②消火栓的栓口朝外，栓口中心距地面应为 1.1m；并不应安装在门轴侧。 ③室内消火栓安装完成后，应取屋顶层（或水箱间内）试验消火栓和首层取两处消火栓做试射试验，达到设计要求为合格
		（2）室外消火栓灭火系统	①墙壁水泵接合器的安装应符合设计要求。设计无要求时，其安装高度距地面宜为 0.7m；与墙面上的门、窗、孔、洞的净距离不应小于 2.0m，且不应安装在玻璃幕墙下方。 ②室外水泵接合器应设置永久性标志铭牌，并应标明供水系统、供水范围和额定压力
		（3）消火栓系统的调试内容	水源调试和测试；消防水泵调试；稳压泵或稳压设施调试；减压阀调试；消火栓调试；自动控制探测器调试；干式消火栓系统的报警阀等快速启闭装置调试，并应包含报警阀的附件电动或电磁阀等阀门的调试；排水设施调试；联锁控制试验
2	自动喷水灭火系统安装要求	（1）消防水泵	①水泵的出口管上应安装止回阀、控制阀和压力表，或安装控制阀、多功能水泵控制阀和压力表。 ②系统的总出水管上还应安装压力表和泄压阀
		（2）消防气压给水设备	①气压罐的容积、气压、水位及工作压力应满足设计要求。 ②给水设备安装位置、进出水管方向应符合设计要求。 ③出水管上应设止回阀，安装时其四周应设检修通道

序号	项目	内容	说明
2	自动喷水灭火系统安装要求	(3)喷嘴	①闭式喷头应在安装前进行密封性能试验,且喷头安装应在系统试压、冲洗合格后进行。 ②安装时不得对喷头进行拆装、改动,并严禁给喷头附加任何装饰性涂层。 ③喷头安装应使用专用扳手,严禁利用喷头的框架施拧。 ④喷头的框架、溅水盘产生变形或释放原件损伤时,应采用规格、型号相同的喷头更换
		(4)报警阀	①报警阀的安装应在供水管网试压、冲洗合格后进行。 ②安装时先安装水源控制阀、报警阀,然后进行报警阀辅组管道的连接。 ③水源控制阀、报警阀与配水干管的连接应使水流方向一致
		(5)安装要求	自动喷水灭火系统的管道横向安装宜设2‰～5‰的坡度,且应坡向排水管;当局部区域难以利用排水管将水排净时,应采取相应的排水措施
		(6)自动喷水灭火系统的调试内容	水源测试;消防水泵调试;稳压泵调试;报警阀调试;排水设施调试;联动试验

★高频考点:泡沫灭火系统施工技术要求

序号	项目	内容
1	泡沫液储罐	泡沫液储罐的安装位置和高度应符合设计要求,当设计无规定时,泡沫液储罐周围应留有满足检修需要的通道,其宽度不宜小于0.7m
2	泡沫比例混合器(装置)	(1)平衡式比例混合器安装时,应竖直安装在压力水的水平管道上,并应在水和泡沫液进口的水平管道上分别安装压力表,且与平衡式比例混合装置进口处的距离不宜大于0.3m。分体平衡式比例混合装置的平衡压力流量控制阀应竖直安装。

序号	项目	内容
2	泡沫比例混合器（装置）	(2)管线式比例混合器应安装在压力水的水平管道上或串接在消防水带上，并应靠近储罐或防护区，其吸液口与泡沫液储罐或泡沫液桶最低液位的高度不得大于1.0m
3	管道安装	(1)水平管道安装时，坡度、坡向应符合设计要求，且坡度不应小于设计值，当出现U形管时应有放空措施。 (2)管道安装完毕应进行水压试验，试验压力为设计压力的1.5倍；试验前应将泡沫产生装置、泡沫比例混合器(装置)隔离
4	泡沫消火栓	(1)地上式泡沫消火栓应垂直安装，其大口径出液口应朝向消防车道。 (2)地下式泡沫消火栓应安装在消火栓井内泡沫混合液管道上，并应有永久性明显标志，其顶部与井盖底面的距离不得大于0.4m，且不小于井盖半径。 (3)室内泡沫消火栓的栓口方向宜向下或与设置泡沫消火栓的墙面成90°
5	泡沫灭火系统的调试	动力源和备用动力的切换试验；消防泵的试验；泡沫比例混合装置的调试；泡沫产生装置的调试；泡沫消火栓的喷水试验；泡沫灭火系统的喷水试验等

★高频考点：干粉灭火系统和防排烟系统施工技术要求

序号	项目	内容
1	干粉灭火系统	(1)在电缆隧道，将灭火装置安装在顶部，喷口朝下或通过带有角度调整功能的支架，使喷口朝向一侧的电缆桥架。 (2)在货架式储物仓库，将灭火装置安装在每层货架顶部，喷口朝下或通过带有角度调整功能的支架安装在仓库的顶部，使喷口朝向货架各层。 (3)在机电设备间，将灭火装置安装在机电设备间的顶部，喷口朝下或通过带有角度调整功能的支架，使喷口朝向机电设备的各个表面。 (4)干粉灭火装置的联动控制组件应进行模拟启动试验，包括自动模拟启动和手动模拟启动试验
2	防排烟系统施工技术要求	(1)防排烟风管采用镀锌钢板时，板材最小厚度应符合设计要求，当板材厚度设计无要求时，可按照国家标准《建筑防烟排烟系统技术标准》GB 51251—2017的要求选定。 (2)有耐火极限要求的风管的本体、框架与固定材料、密封垫料必须为不燃材料，其耐火极限时间应符合设计要求。

序号	项目	内容
2	防排烟系统施工技术要求	(3)排烟风管法兰垫片应为不燃材料，垫片厚度不应小于3mm；薄钢板法兰风管应采用螺栓连接。 (4)防排烟系统的柔性短管、密封垫料的制作材料必须为不燃材料。 (5)防排烟风道、事故通风风道应采用抗震支吊架。 (6)排烟防火阀的安装方向、位置应正确。排烟防火阀应顺气流方向关闭。防火分区隔墙两侧的防火阀，距墙表面不应大于200mm。排烟防火阀应设独立的支、吊架。 (7)排烟阀(口)及手控装置(包括预埋套管)的位置应符合设计要求；设计无要求时，排烟口距可燃物或可燃构件的距离不应小于1.5m，手控装置应固定安装在明显可见、距楼地面1.3～1.5m之间便于操作的位置，预埋套管不得有瘪陷。 (8)防排烟风机应设在混凝土或钢架基础上，且不应设置减振装置；若排烟系统与通风空调系统共用且需要设置减振装置时，不应使用橡胶减振装置。 (9)防排烟风机与风管的连接宜采用法兰连接，当风机仅用于防、排烟时，不宜采用柔性连接；若防、排烟与排风或补风系统兼用时，风机与风管应采用不燃材料的柔性短管连接。 (10)风管系统安装完成后，应进行严密性检验；防排烟风管的允许漏风量应按中压系统风管确定。 (11)防排烟系统调试应包括设备单机调试和系统联动调试，主要调试内容包括：排烟防火阀的调试，常闭送风口、排烟阀或排烟口的调试，活动挡烟垂壁的调试，自动排烟窗的调试，送风机、排烟风机的调试，机械加压系统风速及余压的调试，机械排烟系统风速和风量的调试，以及机械加压送风系统、机械排烟系统、自动排烟窗和活动挡烟垂壁的联动调试等

A12　单体试运行要求与实施

★高频考点：机电工程项目单体试运行要求

序号	项目	内容
1	目的	单体试运行主要考核单台动设备的机械性能，检验动设备的制造、安装质量和设备性能等是否符合规范和设计要求

序号	项目	内容
2	单体试运行前必须具备的条件	(1)单体试运行责任已明确 单体试运行时,建设单位、设计单位、总承包单位、施工单位责任分工已明确。 (2)有关分项工程验收合格 动设备及其附属装置、管线已按设计文件的内容和有关规范的质量标准全部安装完毕并验收合格。 (3)施工过程资料应齐全,主要包括: ①产品合格证书或复验报告。 ②施工记录、隐蔽工程记录和各种检验、试验合格文件。 ③与单机试运行相关的电气和仪表调校合格资料。 (4)资源条件已满足 试运行所需要的动力、介质、材料、机具、检测仪器等符合试运行的要求并确有保证。 ①润滑、液压、冷却、水、气(汽)和电气等系统符合系统单独调试和主机联合调试的要求。 ②对人身或机械设备可能造成损伤的部位,相应的安全设施和安全防护装置设置完善。 ③试运行方案已经批准。 ④试运行组织已经建立,操作人员经培训、考试合格,熟悉试运行方案和操作规程,能正确操作。记录表格齐全。 ⑤试运行动设备周围的环境清扫干净,不应有粉尘和较大的噪声
3	单体试运行后应处理的事项	(1)切断电源和其他动力源。 (2)放气、排水、排污和涂油防锈。 (3)对蓄势器和蓄势腔及机械设备内剩余压力,应泄压。 (4)空负荷试运转后,应对润滑剂的清洁度进行检查,清洗过滤器;必要时更换新的润滑剂。 (5)拆除试运转中的临时装置或恢复临时拆卸的设备部件及附属装置。 (6)清理和清扫现场,将机械设备盖上防护罩。 (7)整理试运转各项记录
4	单体试运行安全技术措施	(1)安全措施 ①划定试运行区域,无关人员不得进入。 ②单体试运行必须包括保护性联锁和报警等自控装置。

序号	项目	内容
4	单体试运行安全技术措施	(2)工艺技术措施 ①机械设备试运行前,应先完成所涉及的电气和操作控制系统调试、润滑系统调试、液压系统调试、气动和冷却系统调试、加热系统调试、机械设备动作试验。 ②试运行系统与其他系统需要隔离时,应设置盲板。 ③必须按照设备说明书、试运行方案和操作方法进行指挥和操作,严禁违章操作,防止事故的发生。 ④指定专人进行测试,做好记录

★高频考点:中间交接

序号	项目	内容
1	验收组织	(1)承包单位应根据设计文件及有关国家标准规范的要求组织自检自改,在自查合格的基础上,向建设单位提出中间交接申请。 (2)监理单位组织专业监理工程师对工程进行全面检查,核实是否达到中间交接条件;经检查达到中间交接条件后,总监理工程师在中间交接申请书上签字。 (3)承包方把审查的技术资料和管理文件汇总整理。 (4)建设单位生产管理部门确认下列情况: ①工艺、动力管道耐压试验和系统吹扫情况。 ②静设备无损检测、强度试验和清扫情况。 ③确认动设备单体试运行情况。 ④确认大型机组试运行和联锁保护情况。 ⑤确认电气、仪表的联校情况,确认装置区临时设施的清理情况。 (5)建设单位安全管理部门确认装置区环境的安全状况。 (6)建设单位施工管理部门组织施工、监理、设计及项目其他职能部门召开中间交接会议,并分别在中间交接书上签字
2	中间交接应具备的条件	(1)工程已按合同所约定的内容施工完成。 (2)工程质量初评合格。 (3)管道试压、吹扫、清洗完成。 (4)静设备强度试验、清扫完成。 (5)动设备单体试运行合格。 (6)电气、仪表调试合格。

序号	项目	内容
2	中间交接应具备的条件	(7)装置区施工临时设施已拆除,竖向工程施工完,防腐、保温基本完成。 (8)对试运行有影响的设计变更和工程尾项已处理完,其他未完项目的责任已明确。 (9)施工现场工完、料净、场地清。施工过程技术资料和管理资料整理齐全
3	中间交接的内容	(1)按设计内容对工程实物量核实交接。 (2)工程质量的初评资料及有关调试记录的交审与验证。 (3)安装专用工具和剩余随机备件、材料的交接。 (4)工程尾项清理及完成时间的确认。 (5)随机技术资料的交接
4	保管	(1)中间交接前的保管 中间交接前,承包商应对合同范围工程实体、施工过程技术文件等妥善保管,并有可行有效的成果保护措施。 (2)中间交接后的保管 中间交接后的单项或装置应由建设单位或承担试运行的合同主体负责保管、使用、维护,但不应解除施工方的施工责任,遗留的施工问题仍由施工方解决,并应按期限完成

A13 工程建设用电规定

★高频考点:工程建设用电申请的基本规定

序号	项目	内容
1	工程建设用电申请内容	工程建设用电申请内容主要包括:用电申请书的审核、供电条件勘查、供电方案确定及批复、有关费用收取、受电工程设计的审核、施工中间检查、竣工检验、供用电合同(协议)签约、装表接电等项业务
2	工程建设用电申请资料	(1)建设工程申请用电时,应向供电企业提供用电工程项目批准的文件及有关的用电资料,主要包括:用电地点、电力用途、用电性质、用电设备清单、用电负荷、保安电力、用电规划等。并依照供电企业规定的格式如实填写用电申请书及办理所需手续。

序号	项目	内容
2	工程建设用电申请资料	(2)新建工程在立项阶段,用户应与供电企业联系,就工程供电的可能性、用电容量和供电条件等达成意向性协议,方可定址,确定项目。 (3)未按规定办理的,供电企业有权拒绝受理其用电申请。如因供电企业供电能力不足或政府规定限制的用电项目,供电企业可通知用户暂缓办理。 (4)对于减少合同约定的用电容量、临时更换大容量变压器、用户暂停、用户暂换、用户迁址、用户移表、用户更名或过户、用户分户和并户、用户销户和改变用电类别等用户变更用电,同样也应事先提出申请,并携带有关证明文件,到供电企业用电营业场所办理手续,变更供用电合同
3	工程建设用电办理手续	申请新装用电、临时用电、增加用电容量、变更用电和终止用电,应当依照规定的程序办理手续。 (1)总承包合同约定,工程项目的用电申请由承建单位负责或者仅是施工临时用电由承建单位负责申请,则施工总承包单位需携带建设项目用电设计规划或施工用电设计规划,到工程所在地管辖的供电部门,依法按程序、制度和收费标准办理用电申请手续。 (2)用户办理申请用电手续时要签订协议或合同,规定供电和用电双方的权利和义务,用户有保护供电设施不受危害、确保用电安全的义务,同时还应明确双方维护检修的界限。 (3)用户新装或增加用电,在供电方案确定后,应按国家的有关规定向供电企业交纳新装增容供电补贴费。 (4)用户遇有特殊情况,需要延长供电方案有效期的,应在有效期到期前十天向供电企业提出申请,供电企业应视情况予以办理延长手续。但延长时间不得超过规定期限,高压供电方案的有效期为一年,低压供电方案的有效期为三个月。 (5)工程建设项目地处偏僻,虽用电申请已受理,但自电网引入的线路施工和通电尚需一段时间,而工程又急需开工,则总承包单位通常是用自备电源(如柴油发电机组)先行解决用电问题。此时,总承包单位要告知供电部门并征得同意。同时要妥善采取安全技术措施,防止自备电源误入市政电网。 (6)承包单位如果仅申请施工临时用电,那么,施工临时用电结束或施工用电转入建设项目电力设施供电,则总承包单位应及时向供电部门办理终止用电手续

★高频考点：供用电协议内容的规定

序号	项目	内容
1	供用电协议应具有的内容	供电企业和工程建设或施工单位应当在供电前根据工程建设需要和供电企业的供电能力签订供用电协议(合同)。供用电协议(合同)应当具备以下内容： (1)供电方式、供电质量和供电时间。 (2)用电容量和用电地址、用电性质。 (3)计量方式和电价、电费结算方式。 (4)供用电设施维护责任的划分；协议(合同)的有效期限。 (5)违约责任，以及双方共同认为应当约定的其他条款
2	供用电协议双方责任	供电企业应当按照合同约定的数量、质量、时间、方式、合理调度和安全供电。用户应当按照合同的数量、条件用电，交付电费和国家规定的其他费用

★高频考点：工程建设临时用电规定

序号	项目	内容
1	工程建设临时用电的准用程序	(1)施工单位应根据国家有关标准、规范和施工现场的实际负荷情况，编制施工现场“临时用电施工组织设计”，并协助业主向当地电业部门申报用电方案。 (2)按照电业部门批复的方案及临时用电安全技术规范进行临时用电设备、材料的采购和施工。 (3)对临时用电施工项目进行检查、验收，并向电业部门提供相关资料，申请送电。 (4)经电业部门检查、验收和试验，同意送电后送电开通
2	工程建设临时用电施工组织设计的编制	(1)临时用电通常根据用电设备总容量的不同，应编制安全用电技术措施和电气防火措施，或临时用电施工组织设计。 (2)供用电施工方案或施工组织设计应经审核、批准后实施。 (3)临时用电施工组织设计主要内容应包括：工程概况、编制依据、用电施工管理组织机构、配电装置安装、防雷接地安装、线路敷设等施工内容的技术要求、安全用电及防火措施

序号	项目	内容
3	工程建设临时用电的检查	(1)临时用电工程必须由持证电工施工。临时用电工程安装完毕后,由安全部门组织检查验收,参加人员有监理单位代表、主管临时用电安全的项目部领导、有关专业技术人员、施工现场主管人员、临时用电施工组织设计编制人员、电工班长及安全员。必要时请主管部门代表和建设单位的代表参加。 (2)临时用电工程检查内容包括:架空线路、电缆线路、室内配线、照明装置、配电室与自备电源、各种配电箱及开关箱、配电线路、变压器、电气设备安装、电气设备调试、接地与防雷、电气防护等。 (3)检查情况应做好记录,并要由相关人员签字确认。 (4)临时用电工程应定期检查。施工现场每月一次,基层公司每季度一次。基层公司检查时,应复测接地电阻值,对不安全因素,必须及时处理,并应履行复查验收手续。 (5)临时用电安全技术档案应由主管现场的电气技术人员建立与管理,其中的电工维修记录可指定电工代管,并于临时用电工程拆除后统一归档

★高频考点:工程建设用电计量的规定

序号	项目	内容
1	用电计量装置	(1)用电计量装置及其相关规定 ①用电计量装置包括计费电能表(有功、无功电能表及最大需量表)和电压、电流互感器及二次连接线导线。计费电能表及附件的购置、安装、移动、更换、校验、拆除、加封、启封及表计接线等,均由供电企业负责办理,施工单位应提供工作上的方便。 ②用电计量装置的量值指示是电费结算的主要依据,依照有关法规规定该装置属强制检定范畴,由省级计量行政主管部门依法授权的检定机构进行检定合格,方为有效。 (2)计量装置的设计和施工要求 计量装置的设计应征得当地供电部门认可,施工单位应严格按施工设计图纸进行安装,并符合相关现行国家标准或规范。安装完毕应由供电部门检查确认
2	用电计量装置的安装	(1)用电计量装置安装后的加封和签章 供电企业在新装、换装及现场校验后应对用电计量装置加封,并请施工单位在工作凭证上签章。

序号	项目	内容
2	用电计量装置的安装	(2)不同电价类别或总体安装计量装置 供电企业应在建设项目每一个受电点内按不同电价类别,分别安装用电计量装置;在用户受电点内难以按电价类别分别装设用电计量装置时,可装设总的用电计量装置,然后按其不同电价类别的用电设备容量的比例或实际可能的用电量,确定不同电价类别用电量的比例或定量进行分算,分别计价。 (3)工程建设高压成套设备计费电能表的认定 高压用户的成套设备中装有自备电能表及附件时,经供电企业检验合格、加封并移交供电企业维护管理的,可作为计费电能表。 (4)不同电压等级建设项目对电能计量装置的要求 对 10kV 及以下电压供电的用户,应配置专用的电能计量柜(箱);对 30kV 及以上电压供电的用户,应有专用的电流互感器二次线圈和专用的电压互感器二次连接线,并不得与保护、测量回路共用。电压互感器专用回路的电压降不得超过允许值。超过允许值时,应予以改造或采取必要的技术措施予以更正。 (5)用电计量装置安装位置的原则 ①用电计量装置原则上应装在供电设施的产权分界处。如产权分界处不适宜装表的,对专线供电的高压用户,可在供电变压器输出端装表计量;对公用线路供电的高压用户,可在用户受电装置的低压侧计量。 ②当用电计量装置不安装在产权分界处时,线路与变压器损耗的有功与无功电量均须由产权所有者负担。在计算用户基本电费(按最大需量计收时)、电度电费及功率因数调整电费时,应将上述损耗电量计算在内。 (6)工程建设退补相应电量的电费规定 由于计费计量的互感器、电能表的误差及其连接线电压降超出允许范围或其他人为原因致使计量记录不准时;以及用电计量装置接线错误、保险熔断、倍率不符等原因,使电能计量或计算出现差错时,供电企业应按《电力法》相关规定向用户退补相应电量的电费
3	临时用电计量装置安装和计量要求	(1)临时用电安装用电计量装置的要求 临时用电的施工单位,只要有条件就应安装用电计量装置。对不具备安装条件的,可按其用电容量、使用时间、规定的电价计收电费。

序号	项目	内容
3	临时用电计量装置安装和计量要求	(2)临时用电未安装用电计量装置的计量要求 临时用电用户未安装用电计量装置的，供电企业应根据其用电容量，按双方约定的每日使用时数和使用期限预收全部电费。用电终止时，如实际使用时间不足约定期限二分之一的，可退还预收电费的二分之一；超过约定期限二分之一的，预收电费不退；到约定期限时，则终止供电

★高频考点：用电安全规定

序号	项目	内容
1	施工单位安全用电行为规定	(1)不得擅自改变用电类别。 (2)不得擅自超过合同约定的容量用电。 (3)不得擅自超过计划分配的用电指标。 (4)不得擅自使用办理暂停使用和被查封的电力设备。施工单位不允许擅自使用已经在供电企业办理暂停使用手续的电力设备，也不允许擅自启用已经被供电企业查封的电力设备。 (5)不得擅自迁移、更动或者操作供电企业在用户的受电设备。施工单位不得擅自迁移、更动或者擅自操作供电企业的用电计量装置、电力负荷控制装置、供电设施以及约定由供电企业调度的施工单位受电设备。 (6)不得擅自引入、供出电源或者将自备电源擅自并网。未经供电企业许可，施工单位不允许擅自引入外来电源，不允许擅自将现有电源供出，不允许擅自将自备电源并网
2	施工单位安全用电事故报告规定	(1)施工过程中出现人身触电死亡。 (2)导致电力系统停电。 (3)专线掉闸或全厂停电。 (4)电气火灾。 (5)重要或大型电气设备损坏、停电期间向电力系统倒送电等事故的，施工单位应及时向供电部门报告
3	中止施工单位用电的情形	(1)危害供用电安全，扰乱供用电秩序，拒绝检查者。 (2)受电装置经检查不合格，在指定期间未改善者。 (3)拒不在限期内拆除私增用电容量者。 (4)私自向外转供电力者。 (5)违反安全用电、计划用电有关规定，拒不改正者。 (6)不可抗力和紧急避险。 (7)确有窃电行为

A14　特种设备制造、安装、改造的许可制度

★高频考点：压力管道设计、安装许可参数级别

许可级别	许可范围	备注
GA1	(1)设计压力大于或者等于4.0MPa(表压，下同)的长输输气管道。 (2)设计压力大于或者等于6.3MPa的长输输油管道	GA1级覆盖GA2级
GA2	GA1级以外的长输管道	—
GB1	燃气管道	—
GB2	热力管道	—
GC1	(1)输送《危险化学品目录》中规定的毒性程度为急性毒性类别1介质、急性毒性类别2气体介质和工作温度高于其标准沸点的急性毒性类别2液体介质的工艺管道。 (2)输送《石油化工企业设计防火标准》GB 50160—2008(2018年版)、《建筑设计防火规范》GB 50016—2014(2018年版)中规定的火灾危险性为甲、乙类可燃气体或者甲类可燃液体(包括液化烃)，并且设计压力大于或者等于4.0MPa的工艺管道。 (3)输送流体介质，并且设计压力大于或者等于10.0MPa，或者设计压力大于或者等于4.0MPa且设计温度高于或者等于400℃的工艺管道	GC1级、GCD级覆盖GC2级
GC2	(1)GC1级以外的工艺管道。 (2)制冷管道	—
GCD	动力管道	—

说明：GA1、GA2级压力管道的设计、安装许可由国家市场监督管理总局负责实施，其他级别的压力管道设计、安装许可由国家市场监督管理总局授权省级市场监督管理部门实施或由省级市场监督管理部门实施。

★高频考点：固定式压力容器制造、安装、修理、改造许可

序号	项目	内容
1	固定式压力容器制造(含安装、修理、改造)	(1)大型高压容器(A1)、球罐(A3)、非金属压力容器(A4)、超高压容器(A6)的制造(含安装、修理、改造)许可由国家市场监督管理总局负责实施。 (2)其他高压容器(A2)、中、低压容器(D)制造(含安装、修理、改造)许可由国家市场监督管理总局授权省级市场监督管理部门或由省级市场监督管理部门负责实施。 (3)大型高压容器是指内径大于或等于 2m 的高压容器。 (4)超大型压力容器是指因直径过大无法通过公路、铁路运输的压力容器。专门从事超大型中低压非球形压力容器分片现场制造的单位,应取得相应级别的压力容器制造许可(许可证书注明超大型中低压非球形压力容器现场制造),持有 A3 级压力容器制造许可证的制造单位可以从事超大型中低压非球形压力容器现场制造。 (5)覆盖关系:A1 级覆盖 A2、D 级,A2 级覆盖 D 级
2	固定式压力容器安装级别	(1)固定式压力容器安装不单独进行许可,各类气瓶安装无需许可。 (2)压力容器制造单位可以设计、安装与其制造级别相同的压力容器和与该级别压力容器相连接的工艺管道(易燃易爆有毒介质除外,且不受长度、直径限制);任一级别安装资格的锅炉安装单位或压力管道安装单位均可进行压力容器安装。 (3)压力容器改造和重大修理由取得相应级别制造许可的单位进行,不单独进行许可

★高频考点：锅炉安装(散装锅炉除外)许可参数级别

许可参数级别	许可范围(注)	备注
A	额定出口压力大于 2.5MPa 的蒸汽和热水锅炉	(1)A 级覆盖 B 级。 (2)A 级锅炉安装覆盖 GC2、GCD 级压力管道安装

许可参数级别	许可范围(注)	备注
B	额定出口压力小于等于2.5MPa的蒸汽和热水锅炉；有机热载体锅炉	B级锅炉安装覆盖GC2级压力管道安装

注：1. A级锅炉制造许可范围还包括锅筒、集箱、蛇形管、膜式壁、锅炉范围内管道及管道元件、鳍片式省煤器，其他承压部件制造由上述制造许可覆盖，不单独进行许可。B级许可范围的锅炉承压部件由持锅炉制造许可证的单位制造，不单独进行许可。

2. 锅炉制造单位可以安装本单位制造的锅炉（散装锅炉除外），锅炉安装单位可以安装与锅炉相连接的压力容器、压力管道（易燃易爆有毒介质除外，不受长度、直径限制）。

3. 锅炉改造和重大修理，应由取得相应级别的锅炉安装资格的单位或锅炉制造资格的单位进行，不单独进行许可。

4. 锅炉（A级）许可由国家市场监督管理总局负责实施；锅炉（B级）许可由国家市场监督管理总局授权省级市场监督管理部门或由省级市场监督管理部门负责实施。

★高频考点：电梯许可参数级别

设备类别	许可参数级别			备注
	A1	A2	B	
曳引驱动乘客电梯(含消防员电梯)	额定速度>6.0m/s	2.5m/s<额定速度≤6.0m/s	额定速度≤2.5m/s	A1级覆盖A2和B级，A2级覆盖B级
曳引驱动载货电梯和强制驱动载货电梯(含防爆电梯中的载货电梯)	不分级			
自动扶梯与自动人行道	不分级			
液压驱动电梯	不分级			
杂物电梯(含防爆电梯中的杂物电梯)	不分级			

注：曳引驱动乘客电梯（含消防员电梯）（A1、A2）许可由国家市场监督管理总局负责实施，其他级别由国家市场监督管理总局授权省级市场监督管理部门或由省级市场监督管理部门负责实施。

★高频考点：起重机械许可参数级别

设备类别	许可参数级别		备注
	A	B	
桥式、门式起重机	200t 以上	200t 及以下(注)	A 级覆盖 B 级，岸边集装箱起重机、装卸桥纳入 A 级许可
流动式起重机	100t 以上	100t 及以下(注)	A 级覆盖 B 级
门座式起重机	40t 以上	40t 及以下(注)	A 级覆盖 B 级
机械式停车设备	不分级		
塔式起重机、升降机			
缆索式起重机			
桅杆式起重机			

注：1. t 指额定起重量（吨）。
2. 起重机械制造桥、门式起重机（A 级）、流动式起重机（A 级）、门座式起重机（A 级）的许可由国家市场监督管理总局负责实施；其他级别制造许可由国家市场监督管理总局授权省级市场监督管理部门或由省级市场监督管理部门负责实施。
3. 起重机械安装所有级别许可均由国家市场监督管理总局授权省级市场监督管理部门或由省级市场监督管理部门负责实施。

★高频考点：特种设备的施工告知

序号	项目	内容
1	特种设备安装、改造、修理施工前告知规定	(1)特种设备安装、改造、修理的施工单位应当在施工前将拟进行的特种设备安装、改造、修理情况书面告知直辖市或者设区的市级人民政府负责特种设备安全监督管理的部门后即可施工，告知不属于行政许可。 (2)施工告知的目的是便于安全监督管理部门审查从事活动的有关企业的资格是否符合所从事活动的要求，审查安装的设备是否为合法生产、改造，修理工艺方法是否会降低设备的安全性能等，同时也能够及时掌握新安装设备和在用设备的改动情况，便于安排现场监察和检验工作，便于动态监管，有别于行政许可的性质和功能

序号	项目	内容
2	告知方式和内容	(1)告知方式主要包括:送达、邮寄、传真、电子邮件或网上告知。 (2)施工单位应填写《特种设备安装改造维修告知单》。施工单位应提供特种设备许可证书复印件(加盖单位公章)

★高频考点:特种设备制造、安装、改造单位应当具备的条件和提供竣工资料的规定

序号	项目	内容
1	特种设备制造、安装、改造单位应当具备的条件	(1)有与制造、安装、改造相适应的专业技术人员。 (2)有与制造、安装、改造相适应的设备、设施和工作场所。 (3)有健全的质量保证、安全管理和岗位责任等制度
2	特种设备安装、改造、修理单位提供竣工资料的规定	(1)特种设备安装、改造、修理竣工后,安装、改造、修理的施工单位应当在验收后30日内将相关技术资料和文件移交特种设备使用单位。特种设备使用单位应当将其存入该特种设备的安全技术档案。 (2)特种设备的安装、改造、修理活动的技术资料是说明其活动是否符合国家有关规定证明材料,也涉及许多设备的安全性能参数,这些材料与设计、制造文件同等重要,必须及时移交给使用单位,这是施工单位必须履行的义务。为了留出资料的整理时间,规定了验收后30日内移交。验收是指建设单位与施工单位同意结束安装、改造、维修活动,并签署有关验收文件

A15 建筑安装工程分部分项工程质量验收要求

★高频考点:检验批验收要求

序号	项目	内容
1	检验批验收的工作程序	(1)检验批是工程验收的最小单位,是分项工程乃至整个建筑工程质量验收的基础。 (2)组成一个检验批的内容施工完毕,施工单位自检、互检、交接检合格后,经项目专业质检员负责检查评定合格,填写"检验批质量验收记录",报监理工程师(建设单位项目专业技术负责人)组织验评签认。

序号	项目	内容
1	检验批验收的工作程序	(3)检验批是建筑安装工程质量验收的最小单元,所有检验批均应由专业监理工程师或建设单位项目专业技术负责人组织验收。 (4)专业监理工程师或建设单位项目专业技术负责人对检验批的质量进行验收时,应根据检验项目的特点,可采取抽样方法、宏观检查的方法,必要时进行抽样检测,来确定是否验收通过
2	检验批质量验收合格标准	(1)主控项目的质量经抽样检验均应合格、一般项目的质量经抽样检验合格 ①主控项目 A. 主控项目的要求是必须达到的,是保证安装工程安全和使用功能的重要检验项目,是对安全、节能、环境保护和主要使用功能起决定性作用的检验项目,是确定该检验批主要性能的项目。如果达不到主控项目规定的质量指标,降低要求就相当于降低该工程项目的性能指标,导致严重影响工程的安全和使用性能。 B. 主控项目包括的检验内容主要有:重要材料、构件及配件、成品及半成品、设备性能及附件的材质、技术性能等。 ②一般项目 A. 一般项目指主控项目以外的检验项目,属检验批的检验内容。其规定的要求也是应该达到的,只不过对影响安全和使用功能的少数条文可以适当放宽一些要求。这些条文虽然不像主控项目那么重要,但对工程安全、使用功能、产品的美观都是有较大影响的。这些项目在验收时,绝大多数抽查的处(件)其质量指标都必须达到要求。 B. 一般项目包括的主要内容有:允许有一定偏差的项目,最多不超过20%的检查点可以超过允许偏差值,但不能超过允许值的150%。对不能确定偏差而又允许出现一定缺陷的项目。 C. 一些无法定量而采取定性的项目。如管道接口项目,无外露油麻等;卫生器具给水配件安装项目,接口严密、启闭部分灵活等。 (2)具有完整的施工操作依据、质量验收记录 ①质量控制资料反映了检验批从原材料到最终验收的各施工工序的操作依据、检查情况以及保证质量所必需的管理制度等。 ②质量控制资料是反映工程质量的客观见证,是评价工程质量的主要依据,是安装工程的“合格证”和技术说明书。对其完整性的检查,实际是对过程控制的确认,是检验批合格的前提

★高频考点：分项工程质量验收要求

序号	项目	内容
1	分项工程质量验收的工作程序	(1)分项工程质量验收评定在检验批验收的基础上进行。一般情况下，两者具有相同或相近的性质，只是批量的大小不同而已。 (2)组成分项工程的所有检验批施工完毕后，在施工单位自检的基础上，经项目专业技术负责人组织内部验评合格后，填写“分项工程质量验收记录”，报专业监理工程师(建设单位项目专业技术负责人)组织验评签认。 (3)分项工程应由专业监理工程师或建设单位专业技术负责人组织验收
2	分项工程质量验收合格标准	(1)分项工程质量评定合格的标准： ①分项工程所含检验批的质量均应验收合格。 ②分项工程所含检验批的质量验收记录应完整。 (2)分项工程质量验收记录应由施工单位质量检验员填写，验收结论由建设(监理)单位填写。填写的主要内容：检验项目；施工单位检验结果；建设(监理)单位验收结论。结论为“合格”或“不合格”。记录表签字人为施工单位专业技术质量负责人、建设单位专业技术负责人、专业监理工程师

★高频考点：分部（子分部）工程质量验收要求

序号	项目	内容
1	分部(子分部)工程验评的工作程序	(1)组成分部(子分部)工程的各分项工程施工完毕后，经项目经理或项目技术负责人组织内部验评合格后，填写“分部(子分部)工程验收记录”，项目经理签字后报总监理工程师(建设单位项目负责人)组织验评签认。 (2)分部工程(子分部工程)应由总监理工程师(建设单位项目负责人)组织施工单位的项目负责人和项目技术、质量负责人及有关人员进行验收
2	分部(子分部)工程质量验收评定合格的标准	分部(子分部)工程质量验收评定是在其所含各分项工程验收的基础上进行，其质量验收评定为合格的标准是： (1)分部(子分部)工程所含分项工程的质量均应验收合格。 (2)质量控制资料应完整。

序号	项目	内容
2	分部(子分部)工程质量验收评定合格的标准	(3)建筑安装分部工程中有关安全、节能、环境保护和主要使用功能的抽样检验结果应符合相应规定。如建筑电气工程的线路、插座、开关接地检查,在验收时要进行抽样检验。 (4)观感质量验收应符合要求
3	分部(子分部)工程质量验收记录	(1)分部(子分部)工程质量验收记录的检查评定结论由施工单位填写。验收意见由建设(监理)单位填写。记录表签字人:建设单位项目负责人、建设单位项目技术负责人,总监理工程师,施工单位项目负责人、施工单位项目技术负责人,设计单位项目负责人;年、月、日等。 (2)填写的主要内容:分项工程名称、检验批数、施工单位检验评定结论、建设(监理)单位验收意见。结论为“合格”或“不合格”。意见为“同意”或“不同意”验收

B级知识点

(应知考点)

B1 吊具种类与选用要求

★高频考点：钢丝绳的选用

序号	项目	内容
1	规格	(1)常用的为:6×19+FC(IWR)、6×37+FC(IWR)、6×61+FC(IWR)三种。 (2)在同等直径下,6×19 钢丝绳中的钢丝直径较大,强度较高,但柔性差,常用作缆风绳。6×61 钢丝绳中的钢丝最细,柔性好,但强度较低,常用来做吊索。6×37 钢丝绳的性能介于上述二者之间。后两种规格钢丝绳常用作穿过滑轮组牵引运行的跑绳和吊索
2	安全系数	(1)作拖拉绳时,应大于或等于 3.5。 (2)作卷扬机走绳时,应大于或等于 5。 (3)作捆绑绳扣使用时,应大于或等于 6。 (4)作系挂绳扣时,应大于或等于 5。 (5)作载人吊篮时,应大于或等于 14

★高频考点：滑轮组

序号	项目	内容
1	滑轮组的规格	滑轮组的规格较多,有 11 种直径、14 种额定载荷、17 种结构形式,共计 103 种规格。起重工程中常用的是 H 系列滑轮组
2	跑绳拉力的计算	滑轮组在工作时因摩擦和钢丝绳的刚性的原因,使每一分支跑绳的拉力不同,最小在固定端,最大在拉出端。跑绳拉力的计算,必须按拉力最大的拉出端按公式或查表进行。穿绕滑轮组时,必须考虑动、定滑轮承受跑绳拉力的均匀
3	滑轮组的穿绕方法	根据滑轮组的门数确定其穿绕方法,常用的穿绕方法有:顺穿、花穿和双跑头顺穿。一般 3 门及以下宜采用顺穿;4～6 门宜采用花穿;7 门以上,宜采用双跑头顺穿。穿绕方法不正确,会引起滑轮组倾斜而发生事故
4	滑轮组的选用步骤	(1)根据受力分析与计算确定的滑轮组载荷选择滑轮组的额定载荷和门数。 (2)计算滑轮组跑绳拉力并选择跑绳直径。 (3)注意所选跑绳直径必须与滑轮组相配。

序号	项目	内容
4	滑轮组的选用步骤	(4)根据跑绳的最大拉力和导向角度计算导向轮的载荷并选择导向轮。 (5)滑轮组动、定(静)滑轮之间的最小距离不得小于1.5m。跑绳进入滑轮的偏角不宜大于5°

★高频考点：卷扬机

序号	项目	内容
1	卷扬机的分类	卷扬机在起重工程中应用较为广泛。卷扬机可按不同方式分类： (1)按动力方式可分为：手动卷扬机、电动卷扬机和液压卷扬机。起重工程中常用电动卷扬机。 (2)按传动形式可分为：电动可逆式(闸瓦制动式)和电动摩擦式(摩擦离合器式)。 (3)按卷筒个数可分为：单筒卷扬机和双筒卷扬机。起重工程中常用单筒卷扬机。 (4)按转动速度可分为：慢速卷扬机和快速卷扬机。起重工程中，一般采用慢速卷扬机
2	卷扬机的基本参数	(1)额定牵引拉力：额定拉力从0.5t到50t(5～500kN)的慢速卷扬机(额定速度小于20m/min)共有20种规格。 (2)工作速度：即卷筒卷入钢丝绳的速度。 (3)容绳量：即卷扬机的卷筒允许容纳的钢丝绳工作长度的最大值。 注：每台卷扬机的铭牌上都标有对某种直径钢丝绳的容绳量，选择时必须注意，如果实际使用的钢丝绳的直径与铭牌上标明的直径不同，还必须进行容绳量校核

★高频考点：平衡梁

序号	项目	内容
1	概念	平衡梁也称铁扁担，在吊装精密设备与构件时，或受到现场环境影响，或多机抬吊时，一般多采用平衡梁进行吊装
2	作用	(1)保持被吊设备的平衡，避免吊索损坏设备。 (2)缩短吊索的高度，减小动滑轮的起吊高度。 (3)减少设备起吊时所承受的水平压力，避免损坏设备。 (4)多机抬吊时，合理分配或平衡各吊点的荷载

序号	项目	内容
3	形式	(1)管式平衡梁:由无缝钢管、吊耳、加强板等焊接而成,一般可用来吊装排管、钢结构构件及中、小型设备。 (2)钢板平衡梁:用钢板切割制成,钢板的厚度按设备重量确定。其制作简便,可在现场就地加工。 (3)槽钢型平衡梁:由槽钢、吊环板、吊耳、加强板、螺栓等组成。它的特点是分部板提吊点可以前后移动,根据设备重量、长度来选择吊点,使用方便、安全、可靠。 (4)桁架式平衡梁:由各种型钢、吊环板、吊耳、桁架转轴、横梁等焊接而成。当吊点伸开的距离较大时,一般采用桁架式平衡梁,以增加其刚度。 (5)其他平衡梁:如滑轮式平衡梁、支撑式平衡梁等
4	选用	起重作业中,一般都是根据设备的重量、规格尺寸、结构特点及现场环境要求等条件来选择平衡梁的形式,并经过设计计算来确定平衡梁的具体尺寸

★高频考点:液压提升装置

序号	项目	内容
1	液压装置构成	在大型设备和结构的吊装作业中,常用的液压装置主要由液压泵站、穿心式液压提升器(液压千斤顶)、钢绞线和控制器组成
2	液压提升器的组成及选用	(1)液压提升器是液压提升装置的关键设备,提升器由上锚具、下锚具、地锚和主油缸四大部分组成。提升器具有自锁功能;单台提升器额定载荷为490～4900kN,主油缸行程为200～250mm。 (2)液压提升器的选用。根据提升设备的重量及现场、装备的实际需要来确定液压提升器的规格、数量和组合情况,多个液压千斤顶通过控制系统实现自动、同步提升
3	液压泵站的组成及选用	(1)液压泵站是液压提升系统的动力设备,是由油泵、油箱、控制阀、电机、仪表、提把等组成的微型液压系统,分单油路和双油路两种,调速方式有:一种是使用电液比例阀的液压系统,另一种是采用变频器的变频调速液压系统。液压泵额定工作压力为20～60MPa,额定提升速度为6～10m/h。 (2)液压泵站的选用。液压泵站工作压力、流量应根据泵站配置提升油缸的数量、载荷和提升速度来确定;一般情况,一台液压泵站可供4台左右小载荷提升油缸工作,供2台大载荷提升油缸工作

B2 配电装置安装与调试技术

★高频考点：配电装置安装前检查和柜体安装要求

序号	项目	内容
1	配电装置的安装前检查	(1)包装及密封应良好，设备和部件的型号、规格、柜体几何尺寸应符合设计要求。备件的供应范围和数量应符合合同要求。柜体应有便于起吊的吊环。 (2)柜内电器及元部件、绝缘瓷瓶齐全，无损伤和裂纹等缺陷。接地线应符合有关技术要求。 (3)柜内设备的布置应安全合理，保证开关柜检修方便。柜内设备与盘面要保持安全距离。 (4)配电装置具有机械、电气防误操作的联锁装置。机械联锁装置不允许采用钢丝。 (5)配电装置内母线应按国标要求标明相序色，并且相序排列一致。 (6)技术文件应齐全，所有的电器设备和元件均应有合格证，关键部件应有产品制造许可证的复印件，其证号应清晰
2	配电装置柜体的安装要求	(1)基础型钢的安装垂直度、水平度允许偏差，位置偏差及不平行度，基础型钢顶部平面，应符合规定。基础型钢的接地应不少于两处，且连接牢固、导通良好。 (2)柜体的接地应牢固、可靠，以确保安全。装有电器的可开启的柜门应以截面积≥$4mm^2$裸铜软线与金属柜体可靠连接。 (3)将柜体按编号顺序分别安装在基础型钢上，再找平找正。柜体安装垂直度允许偏差、相互间接缝偏差应符合规范要求。 (4)多柜体成列安装时，应逐台按顺序成列找平找正，并将柜间间隙调整为1mm左右。 (5)柜体安装完毕后，每台柜体均应单独与基础型钢做接地保护连接，以保证柜体的接地牢固良好。 (6)安装完毕后，还应全面复测一次，并做好柜体的安装记录

★高频考点：配电装置试验及调整要求

序号	项目	内容
1	高压试验要求	高压试验应由当地供电部门许可的试验单位进行。试验标准符合国家规范、当地供电部门的规定及产品技术要求
2	试验内容	配电装置应分别进行模拟试验，操作、控制、联锁、信号和保护应正确无误、安全可靠
3	高压试验内容	母线、避雷器、高压瓷瓶、电压互感器、电流互感器、高压开关等设备及元部件试验的内容有：绝缘试验，主回路电阻测量和温升试验，峰值耐受电流、短时耐受电流试验，关合、关断能力试验，机械试验，操作振动试验，内部故障试验，SF_6 气体绝缘开关设备的漏气率及含水率检查，防护等级检查
4	配电装置的主要整定内容	(1)过电流保护整定：电流元件整定和时间元件整定。 (2)过负荷告警整定：过负荷电流元件整定和时间元件整定。 (3)三相一次重合闸整定：重合闸延时整定和重合闸同期角整定。 (4)零序过电流保护整定：电流元件整定、时间元件整定和方向元件整定。 (5)过电压保护整定：过电压范围整定和过电压保护时间整定

★高频考点：成套配电装置送电运行验收

序号	项目	内容
1	送电前的准备工作	(1)备齐合格的验电器、绝缘靴、绝缘手套、临时接地编织铜线、绝缘胶垫和灭火器材等。 (2)彻底清扫全部设备及变配电室、控制室的灰尘。用吸尘器清扫电器仪表元件。 (3)检查母线及设备上有无遗留下的工具、金属材料及其他物件。成立试运行组织，明确试运行指挥者、操作者和监护人。 (4)安装作业全部完成，质量部门检查全部合格。 (5)试验项目全部合格，并有试验报告单

序号	项目	内容
2	送电前的检查	(1)检查开关柜内电器设备和接线是否符合图纸要求,线端是否标有编号,接线是否整齐。 (2)检查所安装的电器设备接触是否良好,是否符合本身技术条件。 (3)检查机械联锁的可靠性。 (4)检查抽出式组件动作是否灵活。 (5)检查开关柜的接地装置是否牢固,有无明显标志。 (6)检查开关柜的安装是否符合要求。 (7)检查并试验所有表计及继电器动作是否正确
3	送电验收	(1)由供电部门检查合格后将电源送进室内,经过验电、校相无误。 (2)合高压进线开关,检查高压电压是否正常。合变压器柜开关,检查变压器是否有电。合低压柜进线开关,查看低压电压是否正常。分别合其他柜的开关。 (3)空载运行 24h,无异常现象,办理验收手续,交建设单位使用

B3 管道吹洗技术要求

★高频考点：工业管道的吹扫与清洗

序号	项目	内容
1	吹扫与清洗方法	(1)公称直径大于或等于 600mm 的液体或气体管道,宜采用人工清理。 (2)公称直径小于 600mm 的液体管道宜采用水冲洗。 (3)公称直径小于 600mm 的气体管道宜采用压缩空气吹扫。 (4)蒸汽管道应采用蒸汽吹扫。 (5)非热力管道不得采用蒸汽吹扫
2	吹扫程序	按主管、支管、疏排管依次进行
3	安全要求	(1)清洗排放的脏液不得污染环境,严禁随地排放。吹洗出的脏物,不得进入已吹洗合格的管道。管道吹洗合格并复位后,不得再进行影响管内清洁的其他作业。 (2)吹扫时应设置安全警戒区域,吹扫口处严禁站人。蒸汽吹扫时,管道上及其附近不得放置易燃物

序号	项目	内容
4	记录	(1)管道吹洗合格后,应由施工单位会同建设单位或监理单位共同检查确认。 (2)应填写"管道系统吹扫与清洗检查记录"及"管道隐蔽工程(封闭)记录"
5	水冲洗实施要点	(1)水冲洗应使用洁净水。冲洗不锈钢、镍及镍合金钢管道,水中氯离子含量不得超过 25ppm(25×10^{-6})。 (2)水冲洗流速不得低于 1.5m/s,冲洗压力不得超过管道的设计压力。 (3)水冲洗排放管的截面积不应小于被冲洗管截面积的 60%,排水时不得形成负压。 (4)应连续进行冲洗,当设计无规定时,以排出口的水色和透明度与入口水目测一致为合格。管道水冲洗合格后,应及时将管内积水排净,并应及时吹干
6	空气吹扫实施要点	(1)宜利用生产装置的大型空压机或大型储气罐,进行间断性吹扫。吹扫压力不得大于系统容器和管道的设计压力,吹扫流速不宜小于 20 m/s。 (2)吹扫忌油管道时,气体中不得含油。吹扫过程中,当目测排气无烟尘时,应在排气口设置贴有白布或涂刷白色涂料的木制靶板检验,吹扫 5min 后靶板上无铁锈、尘土、水分及其他杂物为合格
7	蒸汽吹扫实施要点	(1)蒸汽管道吹扫前,管道系统的绝热工程应已完成。 (2)蒸汽管道应以大流量蒸汽进行吹扫,流速不小于 30m/s,吹扫前先行暖管、及时疏水,检查管道热位移。 (3)蒸汽吹扫应按加热→冷却→再加热的顺序循环进行,并采取每次吹扫一根,轮流吹扫的方法
8	油清洗实施要点	(1)油清洗应采用循环的方式进行。每 8h 应在 40~70℃内反复升降油温 2~3 次,并及时更换或清洗滤芯。 (2)当设计文件或产品技术文件无规定时,管道油清洗后采用滤网检验。 (3)油清洗合格后的管道,采取封闭或充氮保护措施
9	化学清洗	(1)当进行管道化学清洗时,应与无关设备及管道进行隔离。 (2)化学清洗液的配方应经试验鉴定后再采用。 (3)管道酸洗钝化应按脱脂去油、酸洗、水洗、钝化、水洗、无油压缩空气吹干的顺序进行。当采用循环方式进行酸洗时,管道系统应预先进行空气试漏或液压试漏检验合格。 (4)对不能及时投入运行的化学清洗合格的管道,应采取封闭或充氮保护措施

序号	项目	内容
10	大管道闭式循环冲洗技术	(1)利用水在管内流动的动力和紊流的涡旋及水对杂物的浮力,迫使管内杂质在流体中悬浮、移动,从而使杂质由流体带出管外或沉积于除污短管内。 (2)适用于城市供热管网、供水管网。 (3)适用于各种以水为冲洗介质的工业、民用的管网冲洗

★高频考点:大管道闭式循环冲洗实施要点

序号	项目	内容
1	冲洗系统的设计	根据管段系统的设计图纸,将主干线、支线做系统的水力学计算,求出:连通管直径、冲洗速度、冲洗长度、系统沿程和局部阻力总损失、泵扬程和流量、贮水水池(或水箱)的最小容积、贮水池中的过水断面及过滤网截面面积、除污器的直径和容积等
2	冲洗工艺的确定	(1)依据管网的设计图纸和各种技术参数、管线沿程的条件、现场条件及施工条件,通过冲洗压力、冲洗流量的计算,确定最大的冲洗长度,合理划分冲洗段和选择冲洗设备。 (2)严格计算选择杂质的悬浮力、启动速度、移动速度,以最终确定闭式循环水的冲洗速度。 (3)设计冲洗系统主管、支管及连通管,计算管道冲洗长度,设计确定除污管段位置,以便清理清洗过程中管内沉积的杂物。 (4)根据管网各项技术参数,计算各清洗段的能量损失。 (5)最终确定最大冲洗长度、冲洗速度和冲洗水泵以及其他设备
3	系统选择原则	(1)冲洗水池和水泵应设在管网的起点或中间段,便于系统的选择和分配。 (2)根据干管和支管的长度,分干管系统和支管系统;干管过长,可以分两个系统,但中间部件加连通管,安装连通阀门;也可以分干管和支管为一个系统
4	冲洗位置的选择	(1)水泵尽可能用正式水泵,若不能使用正式水泵则需重新安装冲洗水泵时,临时水泵应安装在场地宽敞和平整处,便于操作,安装变配电装置及其他设施。 (2)尽量靠近电源和水源地,减少临时用水、用电设施的费用。 (3)尽量用永久性设施及总供水泵站,可以大量节约资金

序号	项目	内容
5	冲洗系统安装	(1)水泵安装。按工艺要求,如需要安装冲洗泵,泵的基础、安装精度等应达到安全使用的条件。应做临时泵基础后再安装冲洗水泵,方法按正式工程要求装。 (2)管道安装。主要是临时管道安装,将水泵入口接到水箱或临时水池里,水泵出口接到主干管供水管上,系统排水接到回水管端,如果系统循环时,水在管内继续循环,如果循环达到要求,就将管内水排掉,即排到污水管或雨水管井里面。在冲洗过程中,将其他阀门都关掉。 (3)阀门安装。在主管和支管末端供回水管上开三通安装连通管,连通供水管和回水管,并在连通管上安装一个阀门将供水、回水管隔断。冲洗时打开,运行时隔断
6	管网冲洗	将供水管道、回水管道的最终端连通,并安装连通阀门,先冲远处,后冲近处,先冲支管,再冲干管。先脏水循环冲洗,再换清水循环冲洗,最后换净水循环冲洗

B4 电厂锅炉设备安装技术

★高频考点:电厂锅炉安装一般程序

设备清点、检查和验收→基础验收→基础放线→设备搬运及起重吊装→钢架及梯子平台的安装→汽水分离器及储水箱(或锅筒)安装→锅炉前炉膛受热面的安装→尾部竖井受热面的安装→燃烧设备的安装→附属设备安装→热工仪表保护装置安装→单机试运转→报警及联锁试验→水压试验→锅炉风压试验→锅炉酸洗→锅炉吹管→锅炉热态调试与试运转。

★高频考点:锅炉钢架安装技术要点

序号	项目	内容
1	锅炉钢架的组成及连接方式	锅炉钢架是炉体的支撑构架,全钢结构,承载着受热面、炉墙及炉体其他附件的重量,并决定着炉体的外形。其主要由立柱、横梁、水平支撑、垂直支撑和斜支撑、平台、扶梯、顶板梁等组成。其钢结构的连接方式有两种:焊接和高强度螺栓连接

序号	项目	内容
2	锅炉钢架安装程序	基础检查划线→柱底板安装、找正→立柱、垂直支撑、水平梁、水平支撑安装→整体找正→高强度螺栓终紧→平台、扶梯、栏杆安装→顶板梁安装等
3	锅炉钢架安装工艺和方法	(1)锅炉钢架组合安装,保证锅炉安装的整体稳定性 考虑锅炉钢结构构件的重量不断加大,所以使大型锅炉钢架安装趋于组合散装。 ①根据土建移交的中心线进行基础划线,钢架按从下到上,分层、分区域进行吊装。 ②每层安装先组成一个刚度单元再进行扩展安装,每层钢架安装时除必须保证立柱的垂直度和柱间间距外,立柱上、下段接头之间间隙也必须符合规范要求。 ③吊装时,各层平台、扶梯、栏杆安排同步进行,以保证主通道的畅通、安全行走。 ④采取部分构件缓装或部分构件交叉安装方式。为了便于钢架大板梁、受热面组合件及空气预热器大件等设备的安装,可采取部分构件缓装或部分构件交叉安装方式,这样既保证了锅炉大件设备的顺利安装,又将炉架构件缓装区域降低到最低限度,从而保证了锅炉安装的整体稳定性。 (2)钢结构组件吊装,力求吊装一次到位 ①钢结构组件吊装主要考虑方形、长圆柱体和三角形等物体。 ②起吊节点的选定。即根据组件的结构、强度、刚度,机具起吊高度,起重索具安全要求等选定。 ③组件绑扎,确保吊装的安全。为了防止组件在吊装时产生滑动、防止梁边锐角对绳索的切割、避免吊绳夹角过大等,对组件进行垫衬和捆绑等,以确保吊装的安全性。 ④试吊。对重大或重要组件在正式起吊前,先将组件稍稍吊空,然后对机具、索具、夹具和组件有无变形、损坏等异常情况进行全面检查;最后是吊装就位,应吊装一次到位。 (3)钢架安装找正的方法 用弹簧秤配合钢卷尺检查中心位置和大梁间的对角线误差;用经纬仪检查立柱垂直度;用水准仪检查大梁水平度和挠度,板梁挠度在板梁承重前、锅炉水压前、锅炉水压试验上水后及放水后、锅炉整套启动前进行测量

★高频考点：锅炉受热面组合安装施工要求

序号	项目	内容
1	锅炉受热面施工程序	设备及其部件清点检查→合金设备(部件)光谱复查→通球试验与清理→联箱找正划线→管子就位对口焊接→组件地面验收→组件吊装→组件高空对口焊接→组件整体找正等
2	锅炉受热面施工要求	(1)锅炉受热面施工场地的确定 锅炉受热面施工场地是根据设备组合后体积、重量以及现场施工条件来决定的。一般而言,设备组装后除体积偏大、重量超过现场起吊能力、炉内空间受限等必须在锅炉现场安装外,其余受热面设备要求首先在给定的组合场内组合,然后运往现场吊装。 (2)锅炉受热面施工形式的选择 锅炉受热面施工形式是根据设备的结构特征及现场的施工条件来决定的。组件的组合形式包括直立式和横卧式。 ①直立式组合就是按设备的安装状态来组合支架,将联箱放置(或悬吊)在支架上部,管屏在联箱下面组装。其优点在于组合场占用面积少,便于组件的吊装;缺点在于钢材耗用量大,安全状况较差。 ②横卧式组合就是将管排横卧摆放在组合支架上与联箱进行组合,然后将组合件竖立后进行吊装。其优点就是克服了直立式组合的缺点;其不足在于占用组合场面积多,且在设备竖立时,若操作处理不当则可能造成设备变形或损伤。 ③螺旋水冷壁设备采取地面整体预拼装,拼缝留有适当的预收缩量;螺旋水冷壁安装时分层吊装定位,吊带(垂直搭接板)的基准线定位准确。螺旋水冷壁安装螺旋角偏差控制在0.5°之内。 (3)锅炉受热面组件吊装原则和顺序 ①锅炉受热面组件吊装原则 锅炉顶板梁施工验收合格后,即可进行锅炉受热面组件的吊装。锅炉受热面组件吊装的一般原则是:先上后下,先两侧后中间。先中心再逐渐向炉前、炉后、炉左、炉右进行。同一层杆件的吊装顺序为立柱、垂直支撑(斜撑)、横梁、小梁、水平支撑、平台、爬梯、栏杆等。 ②锅炉受热面大件吊装的一般顺序 水冷壁上部组件及管排吊装→水冷壁中部组件及管排吊装→炉膛上部过热器组件及管排吊装→炉膛出口水平段过热器或再热器组件及管排吊装→尾部包墙过热器组件及管排吊装→尾部低温再热器、低温过热器、省煤器吊装等

★高频考点：电站锅炉安装质量控制要点

序号	项目	内容
1	锅炉钢结构安装质量控制	(1)安装前应对高强度螺栓及其连接副进行抽样、检验合格。安装前应确认高强度螺栓连接点安装方法，临时螺栓、定位销数量符合规程要求。 (2)每层构架安装结束后检查柱垂直度、大梁标高并做记录，对高强度螺栓连接质量按规程全面检查确认合格。 (3)钢结构安装后按规程复测柱垂直度、大板梁标高、挠度并做好验收记录，检查所有高强度螺栓连接点终紧质量。 (4)确认除制造厂代表同意而缓装的构架之外所有钢结构已安装完毕，并经必要的加强后才允许大件吊装
2	锅炉受热面安装质量控制	(1)安装前编制专项施工方案，确认符合制造要求。 (2)安装时受热面安装公差符合电力建设施工技术规范的要求，并有安装公差的完整记录，管屏吊装时应有专用起吊工具加固结构，并保证安装尺寸符合图纸要求，保证各受热面之间热膨胀间隙，符合图纸要求并做出记录，水冷壁焊成整体，必须对炉膛尺寸对角线进行测量，并记录符合要求，水冷壁燃烧器喷口及吹灰孔应符合设计要求。 (3)水冷壁、包墙管与刚性梁间必须固定牢固，刚性梁校平装置安装时必须将刚性梁腹板找正呈水平
3	燃烧器安装质量控制	(1)燃烧器就位再次检查内外部结构，调整喷口位置、角度和尺寸并用压缩空气做冷态调整。 (2)安装煤粉管道和热风道时不准将其他载荷传递到燃烧器上。 (3)燃油、蒸汽、空气管道安装前，清理管道和阀门并检查合格，安装完毕后，按规定进行水压试验并冲洗干净，冲洗前做好阀门保护工作，冲洗后吹扫干净，签证验收
4	锅炉密封质量控制	锅炉密封工作结束后，对炉膛进行气密性试验，并处理缺陷至合格，风压试验压力按设备技术文件规定来选择，如无规定时，试验压力可按炉膛工作压力加 0.5kPa 进行正压试验，一般负压锅炉的风压试验值选 0.5kPa
5	锅炉整体水压试验质量控制	(1)锅炉水压试验前保证设备、原材资料及锅炉安装、焊接、热处理记录报告等验收资料齐全。 (2)并确认所有焊接件及固定在受热元件上的临时结构件全部清除，确认受压元件的焊接工作全部完成，且无损探伤、外观检查合格，焊接应力清除完毕。 (3)确认水压试验方案及现场条件符合要求

序号	项目	内容
6	回转式空气预热器安装质量控制	严格按照回转式空气预热器安装说明书、图纸及说明规定施工，并认真填写该说明书中规定的项目，施工中对影响预热器漏风系数的径向密封间隙、轴向密封间隙、圆周密封间隙进行严格控制，回转式空气预热器安装后，必须进行冷态调整

★高频考点：锅炉热态调试与试运行

序号	项目	内容
1	严密性水压试验	(1)锅炉首次点火前，汽包锅炉应进行一次汽包工作压力下的严密性水压试验，直流锅炉宜进行一次过热器出口工作压力的严密性水压试验。 (2)阀门及未参加水压试验的管道和部件应加强检查。 (3)锅炉点火前，上水水质应为合格的除盐水，上水温度及所需时间可参照相应锅炉运行规程或设备技术文件的规定。 (4)水压试验后利用锅炉内水的压力冲洗取样管、排污管、疏水管和仪表管路
2	锅炉化学清洗	(1)电站锅炉，蒸发受热面及炉前系统在启动前必须进行化学清洗。 (2)化学清洗结束至锅炉启动时间不应超过 20d，如超过 20d 应按规定采取停炉保养保护措施
3	蒸汽管路的冲洗与吹洗	(1)锅炉吹管的临时管道系统应由具有设计资质的单位进行设计。 (2)在排汽口处加装消声器。 (3)锅炉吹管范围：包括减温水管系统和锅炉过热器、再热器及过热蒸汽管道吹洗。 (4)吹洗过程中，至少有一次停炉冷却（时间 12h 以上），以提高吹洗效果
4	锅炉试运行	(1)锅炉机组在安装完毕并完成分部试运行后，必须通过整套启动试运行，试运行时间和程序按《火力发电建设工程启动试运及验收规程》DL/T 5437—2009 的有关规定执行。 (2)对施工、设计和设备质量进行考核，检查设备是否达到额定能力，是否符合设计要求。

序号	项目	内容
4	锅炉试运行	(3)在试运行时使锅炉升压：在锅炉启动时升压应缓慢，升压速度应控制，尽量减小壁温差以保证分离器及储水箱(锅筒)的安全工作，同时仔细对人孔、焊口、法兰等部件认真检查。 (4)发现有泄漏时应及时处理，同时要仔细观察各联箱、分离器及储水箱(锅筒)钢架支架等的热膨胀及其位移是否正常。 (5)对于300MW级及以上的机组，锅炉应连续完成168h满负荷试运行
5	签证手续	试运行完毕后，办理移交签证手续

B5 自动化仪表工程的划分与施工程序

★高频考点：取源部件安装要求

序号	项目	内容
1	取源部件安装的一般要求	(1)取源部件的结构尺寸、材质和安装位置应符合设计要求。 (2)设备上的取源部件应在设备制造时同时安装。管道上的取源部件安装应在管道预制或安装的同时进行。 (3)在设备或管道上进行取源部件的开孔和焊接，必须在设备或管道的防腐、衬里和压力试验前进行。在高压、合金钢、有色金属设备和管道上开孔时，应采用机械加工的方法。 (4)安装取源部件时，不应在设备或管道的焊缝及其边缘上开孔及焊接。取源阀门与设备或管道的连接不宜采用卡套式接头。当设备及管道有绝热层时，安装的取源部件应露出绝热层外。 (5)在砌体和混凝土浇筑体上安装的取源部件，应在砌筑或浇筑的同时埋入，埋设深度、露出长度应符合设计和工艺要求，当无法同时安装时，应预留安装孔。安装孔周围应按设计文件规定的材料填充密实，封堵严密。 (6)取源部件安装完毕后，应与设备和管道同时进行压力试验

序号	项目	内容
2	温度取源部件安装	(1)温度取源部件与管道垂直安装时,取源部件轴线应与管道轴线相垂直;与管道呈倾斜角度安装时,宜逆着物料流向,取源部件轴线应与管道轴线相交。 (2)在管道的拐弯处安装时,宜逆着物料流向,取源部件轴线应与管道轴线相重合
3	压力取源部件安装	(1)压力取源部件的安装位置应选在被测物料流束稳定的位置,其端部不应超出设备或管道的内壁。 (2)压力取源部件与温度取源部件在同一管段上时,应安装在温度取源部件的上游侧。 (3)当检测带有灰尘、固体颗粒或沉淀物等混浊物料的压力时,在垂直和倾斜的设备和管道上,取源部件应倾斜向上安装,在水平管道上宜顺物料流束成锐角安装。 (4)在水平和倾斜的管道上安装压力取源部件时,取压点的方位要求: ①测量气体压力时,应在管道的上半部;测量液体压力时,应在管道的下半部与管道水平中心线成0°～45°夹角范围内。 ②测量蒸汽压力时,应在管道的上半部,以及下半部与管道水平中心线成0°～45°夹角范围内
4	流量取源部件安装	(1)流量取源部件上、下游直管段的最小长度应符合设计要求,在规定的直管段最小长度范围内,不得设置其他取源部件或检测元件,直管段内表面应清洁,无凹坑或凸出物。 (2)在节流件的上游安装温度计时,温度计与节流件间的直管段距离的要求: ①当温度计插套或套管直径小于或等于0.03D(D为管道内径)时,不应小于5D。 ②当温度计插套或套管直径在0.03D和0.13D之间时,不应小于20D。 (3)在节流件的下游安装温度计时,温度计与节流件间的直管段距离不应小于管道内径的5倍。 (4)在水平和倾斜的管道上安装节流装置时,取压口的方位要求: ①测量气体流量时,应在管道的上半部。 ②测量液体流量时,应在管道的下半部与管道水平中心线成0°～45°夹角范围内。 ③测量蒸汽流量时,应在管道的上半部与管道水平中心线成0°～45°夹角范围内。

序号	项目	内容
4	流量取源部件安装	(5)孔板或喷嘴采用单独钻孔的角接取压时的安装要求： ①上、下游侧取压孔轴线，分别与孔板或喷嘴上、下游侧端面间的距离，应等于取压孔直径的1/2。 ②取压孔的直径宜为4～10mm，上、下游侧取压孔直径应相等。 ③取压孔轴线应与管道轴线垂直相交。 (6)孔板采用法兰取压时的安装要求： ①上、下游侧取压孔的轴线分别与上、下游侧端面间的距离，应符合规范规定。 ②取压孔的轴线，应与管道的轴线垂直相交，上、下游侧取压孔的直径应相等。 (7)采用均压环取压时，取压孔应在同一截面上均匀设置，且上、下游取压孔的数量应相等。 (8)皮托管、均速管等流量检测元件的取源部件的轴线，应与管道轴线垂直相交
5	物位取源部件安装	(1)物位取源部件的安装位置，应选在物位变化灵敏，且检测元件不应受到冲击的部位。 (2)内浮筒液位计和浮球液位计采用导向管或其他导向装置时，导向管或导向装置应垂直安装，导向管内液流应畅通。 (3)双室平衡容器安装前应复核制造尺寸，安装应垂直，中心点应与正常液位相重合。 (4)单室平衡容器宜垂直安装，安装标高应符合设计要求。 (5)补偿式平衡容器安装固定时，应设置防止因被测容器的热膨胀而被损坏的措施。 (6)安装浮球式液位仪表的法兰短管应使浮球能在全量程范围内自由活动。 (7)电接点水位计的测量筒应垂直安装，筒体零水位电极的中轴线与被测容器正常工作时的零水位线应处于同一高度。 (8)静压液位计取源部件的安装位置应远离液体进、出口。 (9)重锤料位计取源部件的安装位置应在容器中心与侧壁之间，应垂直安装。 (10)雷达、超声波等的取源部件应使检测元件与被测对象区域内无遮挡物，并应远离物料进出口

序号	项目	内容
6	分析取源部件安装	(1)分析取源部件应安装在压力稳定、能灵敏反映真实成分变化和取得具有代表性的分析样品的位置。取样点周围不应有层流、涡流、空气渗入、死角、物料堵塞或非生产过程的化学反应。 (2)被分析的气体内含有固体或液体杂质时,取源部件的轴线与水平线之间的仰角应大于15°。 (3)在水平和倾斜的管道上安装分析取源部件时,安装方位与安装压力取源部件的要求相同

★高频考点:仪表设备安装要求

序号	项目	内容
1	仪表设备安装的一般要求	(1)仪表中心距操作地面的高度宜为1.2～1.5m;显示仪表应安装在便于观察示值的位置。 (2)安装过程中不应敲击、振动仪表。仪表安装后应牢固、平正。仪表与设备、管道或构件的连接及固定部位应受力均匀,不应承受非正常的外力。 (3)设计要求需要脱脂的仪表,应经脱脂检查合格后安装。 (4)直接安装在管道上的仪表,宜在管道吹扫后安装,当必须与管道同时安装时,在管道吹扫前应将仪表拆下。 (5)直接安装在设备或管道上的仪表在安装完毕应进行压力试验。 (6)仪表接线箱(盒)应采取密封措施,引入口不宜朝上。 (7)对仪表和仪表电源设备进行绝缘电阻测量时,应有防止弱电设备及电子元件被损坏的措施。 (8)现场总线仪表线路连接应为并联方式,且每条现场总线上的仪表数量、总线的最大距离应符合设计要求。 (9)核辐射式仪表安装前应编制具体的安装方案,安装中的安全防护措施应符合国家现行有关放射性同位素工作卫生防护标准的规定。在安装现场应有明显的警戒标识
2	仪表盘、柜、箱安装	(1)仪表盘、柜、箱的型钢底座应在地面施工完成前安装找正,其上表面宜高出地面。 (2)仪表盘、柜、操作台之间及仪表盘、柜、操作台内各设备构件之间的连接应牢固,安装用的紧固件应为防锈材料。安装固定不应采用焊接方式

序号	项目	内容
3	温度检测仪表安装	(1)测温元件安装在易受被测物料强烈冲击的位置时,应按设计要求采取防弯曲措施。 (2)压力式温度计的感温包必须全部浸入被测对象中。 (3)在多粉尘的部位安装测温元件,应采取防止磨损的措施。 (4)表面温度计的感温面与被测对象表面应紧密接触,并应固定牢固
4	压力检测仪表安装	(1)测量低压的压力表或变送器的安装高度,宜与取压点的高度一致。 (2)测量高压的压力表安装在操作岗位附近时,安装高度宜在操作平台面 1.8m 以上,或在仪表正面加保护罩。 (3)现场安装的压力表,不应固定在有强烈振动的设备或管道上
5	流量检测仪表安装	(1)节流件安装要求 ①节流件安装前应进行清洗,清洗时不应损伤节流件。 ②节流件必须在管道吹洗后确定节流件安装方向,必须使流体从节流件的上游端面流向节流件的下游端面,孔板的锐边或喷嘴的曲面侧迎着被测流体的流向。 ③在水平和倾斜的管道上安装的孔板或喷嘴,当排泄孔流体为液体时,排泄孔的位置应在管道的正上方,流体为气体或蒸汽时,排泄孔的位置应在管道的正下方。 ④节流件的端面应垂直于管道轴线,其允许偏差应为1°,节流件应与管件或夹持件同轴,其轴线与上、下游管道轴线之间的误差应符合规范规定。 (2)流量计安装要求 ①涡轮流量计和涡街流量计的信号线应使用屏蔽线,其上、下游直管段的长度应符合设计文件的规定。 ②质量流量计应安装于被测流体完全充满的水平管道上。测量气体时,箱体管应置于管道上方;测量液体时,箱体管应置于管道下方。 ③电磁流量计安装:流量计外壳、被测流体和管道连接法兰之间应等电位接地连接;在垂直的管道上安装时,被测流体的流向应自下而上,在水平的管道上安装时,两个测量电极不应在管道的正上方和正下方位置;流量计上游直管段长度和安装支撑方式应符合设计文件规定。

序号	项目	内容
5	流量检测仪表安装	④超声波流量计上、下游直管段长度应符合设计要求；对于水平管道，换能器的位置应在与水平直线成45°夹角的范围内；被测管道内壁不应有影响测量精度的结垢层或涂层
6	物位检测仪表安装	(1)浮筒液位计的安装应使浮筒呈垂直状态，垂直度允许偏差为2mm，浮筒中心应处于正常操作液位或分界液位的高度。 (2)超声波物位计不应安装在进料口的上方；传感器宜垂直于物料表面；在信号波束角内不应有遮挡物；物料的最高物位不应进入仪表的盲区。 (3)雷达物位计不应安装在进料口的上方，传感器应垂直于物料表面。 (4)射频导纳物位计不应安装在进料口的上方，传感器的中心探杆和屏蔽层与容器壁不应接触，应绝缘良好；安装螺纹或法兰与容器应连接牢固、电气接触良好。 (5)用差压计或差压变送器测量液位时，仪表安装高度不应高于下部取压口
7	机械量检测仪表安装	(1)电阻应变式称重仪表的安装要求： ①负荷传感器的安装和承载应在称重容器及其所有部件和连接件安装完成后进行。 ②负荷传感器应安装为垂直状态，传感器的主轴线应与加荷轴线相重合，各个传感器的受力应均匀。 ③当有冲击负荷时，应按设计文件规定采取缓冲措施。 ④称重容器与外部的连接应为软连接；水平限制器的安装应符合设计要求；传感器的支撑面及底面均应平滑，不得有锈蚀、擦伤及杂物。 (2)机械量仪表的涡流传感器探头与前置放大器之间应用专用同轴电缆连接，电缆阻抗应与探头和前置放大器相匹配
8	成分分析和物性检测仪表安装	(1)被分析样品的排放管应直接与排放总管连接，总管应引至室外安全场所，其集液处应有排液装置。 (2)可燃气体检测器和有毒气体检测器的安装位置应根据所检测气体的密度确定，其密度大于空气时，检测器应安装在距地面200～300mm处，其密度小于空气时，检测器应安装在泄漏区域的上方

序号	项目	内容
9	执行器安装	(1)在调节机构的附近,不得有碍于通行和调节检修,并应便于操作和维护。 (2)执行机构的机械动作应灵活、无松动及卡涩现象。执行机构的连杆长度应能调节,并应使调节机构在全开到全关的范围内动作灵活、平稳

★高频考点:控制仪表和综合控制系统设备安装

1. 安装前条件:

(1) 基础底座安装完毕;地板、顶棚、内墙、门窗施工完毕。

(2) 空调系统已投入运行;供电系统及室内照明施工完毕并已投入运行。

(3) 接地系统施工完毕,接地电阻符合设计要求。

2. 在控制室内安装的各类控制、显示、记录仪表和辅助单元以及综合控制系统设备,在开箱和搬运中应防止剧烈振动和避免灰尘、潮气进入设备。

3. 综合控制系统设备安装就位后应保证产品要求的供电条件、温度和湿度,保持室内清洁。

B6 自动化仪表工程施工技术要求

★高频考点:自动化仪表线路安装要求

序号	项目	内容
1	仪表线路安装的一般要求	(1)电缆电线敷设前,应进行外观检查和导通检查,并应用兆欧表测量绝缘电阻,其绝缘电阻值不应小于5MΩ。 (2)线路周围环境温度超过65℃时应采取隔热措施;附近有火源时应采取防火措施。 (3)线路不得敷设在易受机械损伤、腐蚀性物质排放、潮湿、强磁场和强静电场干扰的位置。 (4)线路不宜敷设在高温设备和管道上方,也不宜敷设在具有腐蚀性液体的设备和管道的下方;线路与绝热的设备及管道绝热层之间的距离应大于或等于200mm,与其他设备和管道之间的距离应大于或等于150mm。

序号	项目	内容
1	仪表线路安装的一般要求	(5)电缆不应有中间接头，当需要中间接头时，应在接线箱或接线盒内接线，接头宜采用压接；当采用焊接时，应采用无腐蚀性焊药。补偿导线应采用压接。同轴电缆和高频电缆应采用专用接头。 (6)线路敷设完毕，要测量电缆电线的绝缘电阻。并应进行校线和标号，在线路终端处，应加标志牌
2	导管安装	(1)在粉尘、蒸汽、腐蚀性或潮湿气体区域敷设电缆导管时，其两端管口应密封。 (2)电缆导管与检测元件或现场仪表之间，宜用金属挠性管连接，并应设有防水弯。与现场仪表箱、接线箱、接线盒等连接时应密封，并应固定牢固
3	电缆、电线及光缆敷设	(1)敷设塑料绝缘电缆时环境温度要求不低于0℃，敷设橡皮绝缘电缆时环境温度要求不低于－15℃。 (2)补偿导线应在穿电缆导管或在电缆桥架内敷设，不得直接埋地敷设。当补偿导线与测量仪表之间不采用切换开关或冷端温度补偿器时，宜将补偿导线和仪表直接连接。 (3)同轴电缆和高频电缆的连接应采用专用接头。 (4)在光纤连接前和光纤连接后均应对光纤进行测试；光缆的弯曲半径不应小于光缆外径的15倍；光缆敷设完毕，光缆端头应做密封防潮处理。 (5)在电缆桥架内，交流电源线路和仪表信号线路应用金属隔板隔开敷设。 (6)明敷设的仪表信号线路与具有强磁场和强静电场的电气设备之间的净距离宜大于1.50m；当采用屏蔽电缆或穿金属电缆导管以及金属槽式电缆桥架内敷设时，宜大于0.80m。 (7)仪表信号线路、仪表供电线路、安全联锁线路、补偿导线及本质安全型仪表线路和其他特殊仪表线路，应分别采用各自的电缆导管。 (8)信号回路的接地点，应在显示仪表侧，当采用接地型热电偶和检测元件已接地时，在显示仪表侧不应再接地
4	仪表配线	(1)仪表盘、柜、箱内的线路宜敷设在汇线槽内，在小型接线箱内可明线敷设。当明线敷设时，电缆电线束应采用由绝缘材料制成的扎带扎牢，扎带间距宜为100～200mm。

序号	项目	内容
4	仪表配线	(2)仪表接线前应校线,线端应有标号。多股芯线端头宜采用接线端子,电线与接线端子的连接应压接。 (3)接线端子板的安装应牢固。当端子板在仪表盘、柜、箱底部时,距离基础面的高度不宜小于 250mm。当端子板在顶部或侧面时,与盘、柜、箱边缘的距离不宜小于 100mm。多组接线端子板并排安装时,其间隔净距离不宜小于 200mm
5	爆炸和火灾危险环境的仪表线路及仪表设备安装	(1)防爆设备必须有铭牌和防爆标识,并应在铭牌上标明国家授权的机构颁发的防爆合格证编号。 (2)防爆仪表和电气设备接入电缆时,应采用防爆密封圈密封或用密封填料进行封固,外壳上多余的孔应做防爆密封,弹性密封圈的一个孔应密封一根电缆。 (3)电缆桥架或电缆沟道通过不同等级的爆炸危险区域的分隔间壁时,在分隔间壁处必须做充填密封。 (4)爆炸危险区域的电缆导管安装: ①电缆导管之间及电缆导管与接线箱(盒)之间,应采用螺纹连接,螺纹有效啮合部分不应少于 5 扣,螺纹处应涂电力复合脂,不得使用麻、绝缘胶带、涂料等,并应用锁紧螺母锁紧,连接处应保证良好的电气连续性。 ②当电缆导管穿过不同等级爆炸危险区域的分隔间壁时,分界处电缆导管和电缆之间、电缆导管和分隔间壁之间应做充填密封。 ③当电缆导管与仪表、检测元件、电气设备、接线箱连接时,或进入仪表盘、柜、箱时,应安装防爆密封管件,并应充填密封。 (5)本质安全型仪表线路的安装: ①本质安全电路和非本质安全电路不得共用一根电缆或穿同一根电缆导管。 ②采用芯线无分别屏蔽的电缆或无屏蔽的导线时,两个及其以上不同回路的本质安全电路,不得共用同一根电缆或穿同一根电缆导管。 ③本质安全电路与非本质安全电路在同一电缆桥架或同一电缆沟道内敷设时,应采用接地的金属隔板或绝缘板隔离,或分开排列敷设,其间距应大于 50mm,并应分别固定牢固。 ④本质安全电路与非本质安全电路共用一个接线箱时,本质安全电路与非本质安全电路接线端子之间应采用接地的金属板隔开。

序号	项目	内容
5	爆炸和火灾危险环境的仪表线路及仪表设备安装	⑤仪表盘、柜、箱内的本质安全电路与关联电路或其他电路的接线端子之间的间距，不得小于 50mm；当间距不符合要求时，应采用高于端子的绝缘板隔离。 ⑥仪表盘、柜、箱内的本质安全电路敷设配线时，应与非本质安全电路分开，应采用有盖汇线槽或绑扎固定，线束固定点应靠近接线端。 (6)对爆炸危险区域的线路进行连接时，必须在设计要求采用的防爆接线箱内接线。接线必须牢固可靠、接地良好，并应有防松和防拔脱装置

★高频考点：自动化仪表管路安装要求

序号	项目	内容
1	仪表管路安装的一般要求	(1)仪表管道安装前应将内部清扫干净，管端应临时封闭。需要脱脂的管道应经过脱脂合格后再安装。 (2)仪表管道埋地敷设时，必须经试压合格和防腐处理后再埋入。直接埋地的管道连接时必须采用焊接，并应在穿过道路、沟道及进出地面处设置保护套管。 (3)仪表管道在穿墙和过楼板处，应加装保护套管或保护罩，管道接头不应在保护套管或保护罩内。当管道穿过不同等级的爆炸危险区域、火灾危险区域和有毒场所的分隔间壁时，保护套管或保护罩应密封。 (4)仪表管道引入安装在有爆炸和火灾危险、有毒及有腐蚀性物质环境的盘、柜、箱时，其引入孔处应密封。 (5)不锈钢管固定时，不应与碳钢材料直接接触。不锈钢管与支架、固定卡子之间宜加设隔离垫板。 (6)仪表管道支架间距：钢管水平安装时宜为 1.00～1.50m，垂直安装时宜为 1.50～2.00m；铜管、铝管、塑料管及管缆水平安装时宜为 0.50～0.70m，垂直安装时宜为 0.70～1.00m。 (7)高压钢管的弯曲半径宜大于管子外径的 5 倍，其他金属管的弯曲半径宜大于管子外径的 3.5 倍，塑料管的弯曲半径宜大于管子外径的 4.5 倍。 (8)直径小于 13mm 的铜管和不锈钢管，宜采用卡套式接头连接，也可采用承插法或套管法焊接连接。承插法焊接时，其插入方向应顺着流体流向。 (9)仪表管道与仪表设备连接时，应连接严密，且不得使仪表设备承受机械应力

序号	项目	内容
2	测量管道安装	(1)测量管道水平敷设时,应根据不同的物料及测量要求,有1∶10～1∶100的坡度,其倾斜方向应保证能排除气体或冷凝液,当不能满足时,应在管道的集气处安装排气装置,在集液处安装排液装置。 (2)测量管道与高温设备、高温管道及低温管道连接时,应采取热膨胀补偿措施。 (3)测量压差的正压管和负压管应安装在环境温度相同的位置。 (4)当测量管道与玻璃管微压计连接时,应采用软管。管道与软管的连接处,应高出仪表接头150～200mm。 (5)测量管道与设备、工艺管道或建筑物表面之间的距离不得小于50mm。测量油类和易燃、易爆物质的测量管道与热表面的距离不宜小于150mm,且不应平行敷设在其上方。 (6)低温管道敷设应采取膨胀补偿措施。 (7)低温管及合金管下料切断后,必须移植原有标识。薄壁管、低温管或钛管,严禁使用钢印作标识
3	气动信号管道安装	(1)气动信号管道应采用紫铜管、不锈钢管或聚乙烯管、尼龙管。 (2)气动信号管道安装无法避免中间接头时,应采用卡套式接头连接;气动信号管道终端应配装可拆卸的活动连接件
4	气源管道安装	(1)气源管道采用镀锌钢管时,应用螺纹连接,拐弯处应采用弯头,连接处应密封,缠绕密封带或涂抹密封胶时,不得使其进入管内;采用无缝钢管时,应焊接连接,焊接时焊渣不得落入管内。 (2)气源管道末端和集液处应有排污阀,排污管口应远离仪表、电气设备和线路。水平干管上的支管引出口应在干管的上方。 (3)气源系统安装完毕后应进行吹扫,吹扫气应使用合格的仪表空气,先吹总管,再吹干管、支管及接至各仪表的管道。 (4)气源装置使用前,应按设计文件规定整定气源压力值
5	液压管道安装	(1)油压管道不应平行敷设在高温设备和管道上方,与热表面绝热层的距离应大于150mm。 (2)供液系统用的过滤器安装前,应清洗干净。进口与出口方向不得装错,排污阀与地面间应留有便于操作的空间。

序号	项目	内容
5	液压管道安装	(3)供液系统内的止回阀或闭锁阀,在安装前应进行清洗、检查和试验。 (4)液压泵自然流动回流管的坡度不应小于1∶10,当回液落差较大时,应在集液箱之前安装一个水平段或U形弯管。 (5)当回液管道的各分支管与总管连接时,支管应顺回液流动方向与总管成锐角连接。 (6)液压控制器与供液管和回流管连接时,应采用耐压挠性管
6	盘、柜、箱内仪表管道	(1)当仪表管道引入安装在有爆炸和火灾危险、有毒、有害及有腐蚀性物质环境的仪表盘、柜、箱时,其管道引入孔处应密封。 (2)仪表管道应敷设在不妨碍操作和维修的位置,仪表管道与仪表线路应分开敷设
7	仪表管路管道试验	(1)水压试验介质应使用洁净水,奥氏体不锈钢管道进行试验时,水中氯离子含量不得超过25 ppm。在环境温度5℃以下进行试验时,应采取防冻措施。 (2)液压试验的压力应为设计压力的1.5倍。当达到试验压力后,应稳压10min,再将试验压力降至设计压力,稳压10min,应无压降,并应无渗漏。 (3)气压试验介质应使用空气或氮气,试验温度严禁接近管道材料的脆性转变温度。 (4)气压试验的压力应为设计压力的1.15倍,试验时应逐步缓慢升压,达到试验压力后,应稳压10min,再将试验压力降至设计压力,应稳压5min,采用发泡剂检验应无泄漏。 (5)真空管道压力试验应采用0.2MPa气压试验压力。达到试验压力后,稳压15min,采用发泡剂检验应无泄漏。 (6)测量和输送易燃易爆、有毒、有害介质的仪表管道,必须进行管道压力试验和泄漏性试验。 (7)当工艺系统规定要求进行真空度或泄漏性试验时,其内的仪表管道系统应与工艺系统一起进行试验。 (8)仪表气源管道、气动信号管道或设计压力小于或等于0.6MPa的仪表管道,宜采用气体作为试验介质

★高频考点：仪表管路脱脂要求

序号	项目	内容
1	脱脂施工的一般要求	(1)脱脂溶剂的选用 ①金属件的脱脂应选用工业用二氯乙烷、四氯乙烯。 ②黑色金属和有色金属的脱脂应选用工业用三氯乙烯。 ③铝制品的脱脂应选用10%的氢氧化钠溶液。 ④工作物料为浓硝酸的仪表、控制阀、管子和其他管道组成件的脱脂应选用65%的浓硝酸。 (2)脱脂注意事项 ①当采用二氯乙烷、四氯乙烯和三氯乙烯脱脂时，脱脂件应干燥、无水分。 ②接触脱脂件的工具、量具及仪器应经脱脂合格后再使用。 ③脱脂合格的仪表、控制阀、管子和其他管道组成件应封闭保存，并应加设标识；安装时严禁被油污染
2	脱脂方法	(1)有明显锈蚀的管道部位，应先除锈再脱脂。 (2)采用擦洗法脱脂时，应使用不易脱落纤维的布或丝绸，不得使用棉纱。脱脂后，脱脂件上严禁附着纤维。 (3)当用蒸汽吹洗脱脂件时，应将颗粒度小于1mm的数粒纯樟脑放入蒸汽冷凝液内，樟脑在冷凝液表面应不停旋转。 (4)当用浓硝酸脱脂时，浓硝酸中所含有机物的总量不应超过0.03%
3	脱脂合格要求	(1)当用清洁干燥的白滤纸擦洗脱脂件表面时，纸上应无油迹。 (2)当用紫外线灯照射脱脂表面时，应无紫蓝荧光

★高频考点：仪表管路接地要求

序号	项目	内容
1	仪表管路接地一般要求	(1)供电电压高于36V的现场仪表的外壳，仪表盘、柜、箱、支架、底座等正常不带电的金属部分，均应做保护接地。 (2)仪表及控制系统应做工作接地，工作接地应包括信号回路接地和屏蔽接地，以及特殊要求的本质安全电路接地，接地系统的连接方式和接地电阻值应符合设计文件的规定。

序号	项目	内容
1	仪表管路接地一般要求	(3)各仪表回路应只有一个信号回路接地点。信号回路的接地点应在显示仪表侧，当采用接地型热电偶和检测元件已接地的仪表时，在显示仪表侧不应再接地。 (4)在中间接线箱内，主电缆分屏蔽层应用端子将对应的二次电缆屏蔽层进行连接，不同的屏蔽层应分别连接，不应混接，并应绝缘。 (5)仪表盘、柜、箱内各回路的各类接地，应分别由各自的接地支线引至接地汇流排或接地端子板，由接地汇流排或接地端子板引出接地干线，再与接地总干线和接地极相连。各接地支线、汇流排或端子板之间在非连接处应相互绝缘。 (6)仪表及控制系统的工作接地、保护接地应共用接地装置。 (7)仪表保护接地系统应接到电气工程低压电气设备的保护接地网上，连接应牢固可靠，不应串联接地。 (8)接地系统的连线应采用铜芯绝缘电线或电缆，并应采用镀锌螺栓紧固。仪表盘、柜、箱内的接地汇流排应采用铜材，并应采用绝缘支架固定。接地总干线与接地体之间应采用焊接。 (9)当控制室、机柜室内的接地干线采用扁钢时，应进行绝缘，并应绝缘到接地装置连接点
2	盘、台、柜接地要求	DCS系统的接地有三部分：系统电源接地、信号屏蔽接地、机柜安全接地，在DCS机柜内安装有三块接地铜排，分别与三个接地对应。三根铜排在DCS系统内互相绝缘。每根铜排要求各自独立连接到电气全厂接地网上，中间无其他系统的地线接入。 (1)单独接地，不与其他系统共用接地点或接地线。 (2)接地点到防雷接地或高压电气设备接地点的距离需大于10m。 (3)每个机柜的系统电源地、信号屏蔽地、机柜安全地分别汇总接至电源柜三根铜排上，分别引至总接地点，走线尽量短而直，总接地电阻小于3Ω。 (4)DCS机柜要求浮空，底座与机柜间铺设绝缘材料，盘柜与底座连接螺栓应带绝缘垫片

B7 炉窑砌筑施工技术要求

★高频考点：炉窑砌筑前工序交接的规定

序号	项目	内容
1	一般规定	炉窑砌筑一般是工业炉窑系统工程中最后一道工序，做好炉子基础、炉体骨架结构和有关设备安装的检查交接工作是加强系统工程质量管理的重要组成部分
2	工序交接的技术要求	(1)炉窑的砌筑工程应于炉体骨架结构和有关设备安装完毕，经检查合格并签订交接证明书后，才可进行施工。 (2)在工序交接时，对上一工序及时进行质量检查验收并办理工序交接手续
3	工序交接证明书应包括的内容	(1)炉子中心线和控制标高的测量记录及必要的沉降观测点的测量记录。 (2)隐蔽工程的验收合格证明。 (3)炉体冷却装置，管道和炉壳的试压记录及焊接严密性试验合格证明。 (4)钢结构和炉内轨道等安装位置的主要尺寸复测记录。 (5)动态炉窑或炉子的可动部分试运转合格证明。 (6)炉内托砖板和锚固件等的位置、尺寸及焊接质量的检查合格证明。 (7)上道工序成果的保护要求

★高频考点：耐火砖砌筑的施工程序

序号	项目	内容
1	动态炉窑的施工程序	(1)动态炉窑砌筑必须在炉窑单机无负荷试运转合格并验收后方可进行。 (2)砌筑的基本顺序：从热端向冷端（或从低端向高端）→分段作业划线→选砖→配砖→分段砌筑→分段进行修砖及锁砖→膨胀缝的预留及填充
2	静态炉窑的施工程序	(1)静态炉窑的施工程序与动态炉窑基本相同。 (2)静态炉窑的施工程序和动态炉窑的不同之处： ①不必进行无负荷试运行即可进行砌筑。 ②砌筑顺序必须自下而上进行。 ③无论采用哪种砌筑方法，每环砖均可一次完成。 ④起拱部位应从两侧向中间砌筑，并需采用拱胎压紧固定，锁砖完成后，拆除拱胎

★高频考点：耐火砖砌筑施工技术要点

序号	项目	内容
1	底和墙砌筑技术要求	(1)砌筑炉底前,应预先找平基础,必要时,应在最下一层用砖加工找平。 (2)砌筑可动炉底式炉子时,其可动炉底的砌体与有关部位之间的间隙,应按规定的尺寸仔细留设。 (3)水平砖层砌筑的斜坡炉底,其工作层可退台或错台砌筑,所形成的三角部分,可用相应材质的不定形耐火材料找齐。 (4)反拱底应从中心向两侧对称砌筑。砌筑反拱底前,应用样板找准砌筑弧形拱的基面;斜坡炉底应放线砌筑。 (5)非弧形炉底、通道底的最上层砖的长边,应与炉料、金属、渣或气体的流动方向垂直,或成一交角。 (6)圆形炉墙应按中心线砌筑。当炉壳的中心线垂直误差和半径误差符合炉内形要求时,可以炉壳为导面进行砌筑。 (7)弧形墙应按样板放线砌筑。 (8)具有拉钩或挂钩的炉墙,除砖槽的受拉面与挂件靠近外,砖槽的其余各面与挂件间应留有活动余地,不得卡死。 (9)圆形炉墙不得有三层重缝或三环通缝,上下两层重缝与相邻两环的通缝不得在同一地点,圆形炉墙的合门砖应均匀分布。 (10)砌砖时应用木槌或橡胶锤找正,不应使用铁锤。砌砖中断或返工拆砖时,应做成阶梯形的斜槎
2	拱和拱顶砌筑技术要求	(1)拱脚表面应平整,角度应正确。不得用加厚砖缝的方法找平拱脚。 (2)拱脚砖应紧靠拱脚梁砌筑。当拱脚砖后面有砌体时,应在该砌体砌完后,才可砌筑拱或拱顶。 (3)不得在拱脚砖后面砌筑隔热耐火砖或硅藻土砖。 (4)除有专门规定外,拱和拱顶应错缝砌筑。并应沿纵向缝拉线砌筑,保持砖面平直。 (5)拱或拱顶上部找平层的加工砖,可用相应材质的耐火浇注料代替。 (6)跨度不同的拱和拱顶宜环砌,且环砌拱和拱顶的砖环应保持平整垂直。 (7)拱和拱顶必须从两侧拱脚同时向中心对称砌筑。砌筑时,严禁将拱砖的大小头倒置。

序号	项目	内容
2	拱和拱顶砌筑技术要求	(8)拱和拱顶的放射缝,应与半径方向相吻合。拱和拱顶的内表面应平整,个别砖的错牙不应超过 3mm。 (9)锁砖应按拱和拱顶的中心线对称均匀分布。打入锁砖块数,按规定跨度计。 (10)锁砖砌入拱和拱顶内的深度宜为砖长的 2/3～3/4,拱和拱顶内锁砖砌入深度应一致。打锁砖时,两侧对称的锁砖应同时均匀地打入。锁砖应使用木槌,使用铁锤时,应垫以木块。 (11)不得使用砍掉厚度 1/3 以上的或砍凿长侧面使大面成楔形的锁砖,且不得在砌体上砍凿砖。 (12)吊挂砖应预砌筑。吊挂平顶的吊挂砖,应从中间向两侧砌筑。其边砖同炉墙接触处应留设斜坡;炉顶应从下面的转折处开始向两端砌筑。 (13)吊挂砖的主要受力处不得有裂纹。 (14)砌完黏土质(或高铝质)炉顶吊挂砖后,应按规定的部位铺砌隔热制品。 (15)吊挂拱顶应环砌,并应与炉顶纵向中心线保持垂直。 (16)在镁质吊挂拱顶的砖环中,砖与砖之间应插入销钉和夹入钢垫片,不得遗漏或多夹。 (17)吊挂拱顶应分环锁紧,各环锁紧度应一致。锁砖锁紧后,应即把吊挂长销穿好。 (18)跨度大于 5m 的拱胎在拆除前,应设置测量拱顶下沉的标志;拱胎拆除后,应做好下沉记录。 (19)拆除拱顶的拱胎,必须在锁砖全部打紧、拱脚处的凹沟砌筑完毕,以及骨架拉杆的螺母最终拧紧之后进行

★高频考点：耐火浇注料与喷涂料施工技术要求

序号	项目	内容
1	耐火浇注料的施工程序	材料检查验收→施工面清理→锚固钉焊接→模板制作安装→防水剂涂刷→浇注料搅拌并制作试块→浇注并振捣→拆除模板→膨胀缝预留及填充→成品养护
2	施工技术要求	(1)搅拌耐火浇注料的用水应采用洁净水。 (2)浇注用的模板。应有足够的刚度和强度,支模尺寸应准确,并应防止在施工过程中变形。模板接缝应严密,不漏浆。对模板应采取防粘措施。与浇注料接触的隔热砌体的表面,应采取防水措施。

序号	项目	内容
2	施工技术要求	(3)浇注料。应采用强制式搅拌机搅拌。搅拌时间及液体加入量应按施工说明执行。变更用料牌号时，搅拌机、料斗、称量容器等均应冲洗干净。 (4)搅拌好的耐火浇注料时间。应在30min内浇注完成，或根据施工说明要求在规定的时间内浇注完。已初凝的浇注料不得使用。 (5)整体浇注耐火内衬膨胀缝的设置应按设计规定。若无规定时，每米长的内衬膨胀缝的平均数值，可采用下列数据：黏土耐火浇注料为4～6mm；高铝水泥耐火浇注料为6～8mm；磷酸盐耐火浇注料为6～8mm；水玻璃耐火浇注料为4～6mm；硅酸盐水泥耐火浇注料为5～8mm。 (6)耐火浇注料的浇注，应连续进行。在前层浇注料初凝前，应将次层浇注料浇注完毕；间歇超过初凝时间，应按施工缝要求进行处理。施工缝宜留在同一排锚固砖的中心线上。 (7)耐火浇注料在施工后，应按设计规定的方法养护。养护期间，不得受外力及振动。 (8)拆模要求。不承重模板，应在浇注料强度能保证其表面及棱角不因拆模而受损坏或变形时，才可拆模。承重模板应在浇注料达到设计强度70%之后，才可拆模。热硬性浇注料应烘烤到指定温度之后，才可拆模。 (9)浇注衬体要求。表面不应有剥落、裂缝、孔洞等缺陷。可允许有轻微的网状裂纹。 (10)耐火浇注料的预制件堆。不宜在露天堆放。露天堆放时，应采取防雨防潮措施
3	耐火喷涂料施工技术要求	(1)喷涂料应采用半干法喷涂，喷涂料加入喷涂机之前，应适当加水润湿，并搅拌均匀。 (2)喷涂时，料和水应均匀连续喷射，喷涂面上不允许出现干料或流淌。 (3)喷涂方向应垂直于受喷面，喷嘴与喷涂面的距离宜为1～1.5m，喷嘴应不断地进行螺旋式移动，使粗细颗粒分布均匀。 (4)喷涂应分段连续进行，一次喷到设计厚度，内衬较厚需分层喷涂时，应在前层喷涂料凝结前喷完次层。 (5)施工中断时，宜将接槎处做成直槎，继续喷涂前应用水润湿。 (6)喷涂完毕后，应及时开设膨胀缝线，可用1～3mm厚的楔形板压入30～50mm而成

★高频考点：耐火陶瓷纤维施工技术要求

序号	项目	内容
1	施工方法分类	按耐火纤维陶瓷制品形状，耐火陶瓷纤维内衬分为层铺式内衬、叠砌式内衬和折叠式模块施工方法
2	层铺式内衬施工技术要求	(1)设于炉顶的锚固钉中心距宜为200～250mm，设于炉墙的锚固钉中心距宜为250～300mm。锚固钉与受热面耐火纤维毯、毡或板边缘距离宜为50～75mm，最大距离不应超过100mm。 (2)锚固钉应在钢板上垂直焊牢，并应逐根锤击检查。当采用陶瓷杯或转卡垫圈固定耐火陶瓷纤维毯、毡或板时，锚固钉的断面排列方向应一致。 (3)纤维毯、毡或板铺贴要求： ①耐火陶瓷纤维毯、毡或板应铺设严密、紧贴炉壳。紧固锚固件时应松紧适度。 ②耐火陶瓷纤维毯、毡或板的铺设应减少接缝，各层间错缝不应小于100mm。隔热层耐火纤维陶瓷毯、毡或板可对缝连接。受热面为耐火陶瓷纤维毯、毡或板时，接缝应搭接，搭接长度宜为100mm，搭接方向应顺气流方向，不得逆向。 ③耐火陶瓷纤维毯、毡在对接缝处应留有压缩余量。当采用耐火陶瓷纤维毡时，压缩余量不应小于5mm；当采用耐火陶瓷纤维毯时，压缩余量不应小于10mm
3	叠砌式内衬施工技术要求	(1)叠砌式内衬可用销钉固定法和粘贴法施工，每扎耐火陶瓷纤维毯、毡均应预压缩成制品，其压缩程度应相同，压缩率不应小于15%。 (2)销钉固定法。支撑板应水平，固定销钉应按设计规定的位置垂直焊接牢固。耐火陶瓷纤维制品的接缝处均应挤紧。 (3)粘贴法施工的耐火陶瓷纤维制品，排列方法正确，耐火陶瓷纤维制品应粘贴平直、紧密、压紧
4	折叠式模块施工技术要求	(1)折叠式模块应与焊在炉壳上的金属锚固件连接，固定在炉壳上。模块常用的结构应为中心孔吊挂式结构。折叠式模块的体积密度宜为190～220kg/m^3。 (2)锚固件的材质及结构应符合设计规定。 (3)折叠式模块本身无预埋锚固件时，应用穿钉固定，穿钉应垂直插入相邻的支撑板孔内。 (4)折叠式模块沿折叠方向应顺次同向排列；非折叠方向或与其他耐火炉衬的连接，均应铺设相同等级的耐火陶瓷纤维毯，耐火陶瓷纤维毯的压缩率不应小于15%。顺次排列结构用于炉顶时，应用耐热合金U形钉将耐火陶瓷纤维毯与折叠式模块固定，U形钉的间距宜为600mm

★高频考点：冬期施工的技术要求

序号	项目	内容
1	冬期含义	机电工程砌筑在冬季施工期：指当室外日均气温连续五日稳定低于5℃时，即可进入冬期施工
2	砌筑工程冬期施工技术要求	(1)砌筑应在供暖环境中进行。工作地点和砌体周围温度均不应低于5℃，耐火砖和预制块在砌筑前应预热至0℃以上。 (2)耐火泥浆、耐火浇注料的搅拌应在暖棚内进行，耐火泥浆、耐火可塑料、耐火喷涂料和水泥耐火浇注料等在施工时的温度均不应低于5℃。但黏土结合耐火浇注料、水玻璃耐火浇注料、磷酸盐耐火浇注料施工时的温度不宜低于10℃。 (3)调制耐火浇注料的水可以加热，加热温度为：硅酸盐水泥耐火浇注料的水温不应超过60℃；高铝水泥耐火浇注料的水温不应超过30℃。水泥不得直接加温。耐火浇注料施工过程中，不得另加促凝剂。 (4)冬期施工耐火浇注料的养护： ①水泥耐火浇注料可采用蓄热法和加热法养护。加热硅酸盐水泥耐火浇注料的温度不得超过80℃；加热高铝水泥耐火浇注料的温度不得超过30℃。 ②黏土、水玻璃、磷酸盐水泥浇注料的养护应采用干热法。水玻璃耐火浇注料的温度不得超过60℃。 (5)冬期施工时，应做专门的施工记录，并符合下列规定： ①室外空气温度，工作地点和砌体周围的温度，加热材料在暖棚内的温度，不定形耐火材料在搅拌、施工和养护时的温度，应每隔4h测量一次。 ②全部测量点应编号，并绘制测温点布置图。 ③测量不定形耐火材料的温度时，测温表放置在料体的时间不应少于3min

★高频考点：烘炉的技术要求

序号	项目	内容
1	烘炉阶段的主要工作	(1)制定工业炉的烘炉计划；准备烘炉用的工机具和材料；确认烘炉曲线。 (2)编制烘炉期间作业计划及应急处理预案；确定和实施烘炉过程中的监控重点

序号	项目	内容
2	烘炉的技术要点	(1)工业炉在投入生产前必须烘干烘透。烘炉前应先烘烟囱及烟道。 (2)耐火浇注料内衬应该按规定养护后,才可进行烘炉。 (3)烘炉应在其生产流程有关的机电设备联合试运转及调整合格后进行。 (4)烘炉过程中,应根据炉窑的结构和用途、耐火材料的性能、建筑季节等制定烘炉曲线和操作规程。 ①主要内容包括:烘炉期限、升温速度、恒温时间、最高温度、更换加热系统的温度、烘炉措施、操作规程及应急预案等。 ②烘炉后需降温的炉窑,在烘炉曲线中应注明降温速度。 (5)烘炉必须按烘炉曲线进行。烘炉过程中,应测定和测绘实际烘炉曲线。 (6)烘炉时应做详细记录,对所发生的一切不正常现象,应采取相应的应急措施,并注明其原因。 (7)烘炉期间,应仔细观察护炉铁件和内衬的膨胀情况以及拱顶的变化情况,必要时可调节拉杆螺母以控制拱顶的上升数值。在大跨度拱顶的上面应安装标志,以便检查拱顶的变化情况。 (8)在烘炉过程中,如主要设施发生故障而影响其正常升温时,应立即进行保温和停炉。故障消除后,才可按烘炉曲线继续升温烘炉。烘炉过程中所出现的缺陷经处理后,才可投料生产

B8 建筑智能化工程施工技术要求

★高频考点:建筑智能化工程施工部分要求

序号	项目	内容
1	建筑设备监控工程的实施程序	建筑设备自动监控需求调研→监控方案设计与评审→工程承包商的确定→设备供应商的确定→施工图深化设计→工程施工及质量控制→工程检测→管理人员培训→工程验收开通→投入运行

序号	项目	内容
2	建筑设备监控工程实施界面的划分	建筑设备自动监控工程实施界面的确定贯彻于设备选型、系统设计、工程施工、检测验收的全过程中
3	建筑设备监控产品选择时主要考虑的因素	(1)产品的品牌和生产地，应用实践以及供货渠道和供货周期等信息。 (2)产品支持的系统规模及监控距离。 (3)产品的网络性能及标准化程度
4	进口监控设备检查	应提供质量合格证明、检测报告及安装、使用、维护说明书等文件资料(中文译文)，还应提供原产地证明和商检证明
5	监控器主要输入设备安装要求	(1)各类传感器的安装位置应装在能正确反映其检测性能的位置，并远离有强磁场或剧烈振动的场所，而且便于调试和维护。 (2)风管型传感器安装应在风管保温层完成后进行。 (3)水管型传感器开孔与焊接工作，必须在管道压力试验、清洗、防腐和保温前进行。 (4)传感器至现场控制器之间的连接应符合设计要求。 (5)电磁流量计应安装在流量调节阀的上游，流量计的上游应有10倍管径长度的直管段，下游段应有4～5倍管径长度的直管段。 (6)涡轮式流量传感器应水平安装，流体的流动方向必须与传感器壳体上所示的流向标志一致。 (7)空气质量传感器的安装位置，应选择能正确反映空气质量状况的地方
6	安全防范工程的实施程序	安全防范等级确定→方案设计与报审→工程承包商确定→施工图深化→施工及质量控制→检验检测→管理人员培训→工程验收→投入运行
7	线缆的施工要求	(1)信号线缆和电力电缆平行敷设时，其间距不得小于0.3m；信号线缆与电力电缆交叉敷设时，宜成直角。多芯线缆的最小弯曲半径应大于其外径的6倍。 (2)电源线与信号线、控制线应分别穿管敷设；当低电压供电时，电源线与信号线、控制线可以同管敷设。 (3)线缆在沟内敷设时，应敷设在支架上或线槽内。在电缆沟支架上敷设时，与建筑电气专业提前规划协商，高压电缆在最上层支架，低压电缆在中层支架，智能化线缆在最下层支架。

序号	项目	内容
7	线缆的施工要求	(4)明敷的信号线缆与具有强磁场、强电场的电气设备之间的净距离，宜大于1.5m，当采用屏蔽线缆或穿金属保护管或在金属封闭线槽内敷设时，宜大于0.8m。 (5)信号线缆的屏蔽性能、敷设方式、接头工艺、接地要求等应符合相关标准规定
8	同轴线缆的施工要求	(1)同轴线缆的衰减、弯曲、屏蔽、防潮等性能应满足设计要求，并符合产品标准要求。 (2)同轴电缆应一线到位，中间无接头。 (3)同轴电缆的最小弯曲半径应大于其外径的15倍
9	光缆的施工要求	(1)光缆长距离传输时宜采用单模光纤，距离较短时宜采用多模光纤。 (2)光缆的芯线数目应根据监视点的个数及分布情况来确定，并留有一定的余量。 (3)光缆的结构及最小弯曲半径、最大抗拉力等机械参数，应满足施工条件的要求。 (4)光缆敷设前，应对光纤进行检查。光纤应无断点，其衰耗值应符合设计要求。核对光缆长度，并应根据施工图的敷设长度来选配光缆。 (5)敷设光缆时，其最小动态弯曲半径应大于光缆外经的20倍。光缆的牵引端头应做好技术处理，可采用自动控制牵引力的牵引机进行牵引。牵引力应加在加强芯上，其牵引力不应超过150kg；牵引速度宜为10m/min；一次牵引的直线长度不宜超过1km，光纤接头的预留长度不应小于8m。 (6)光缆敷设后，应检查光纤有无损伤，并对光缆敷设损耗进行抽测；确认没有损伤后，再进行接续。光缆敷设完毕后，宜测量通道的总损耗，并用光时域反射计观察光纤通道全程波导衰减特性曲线

B9　电梯工程施工要求

★高频考点：电力驱动的曳引式或强制式电梯施工要求

序号	项目	内容
1	电梯设备进场验收	(1)设备进场验收时，应检查设备随机文件、设备零部件与装箱单内容相符，设备外观不存在明显的损坏等。

序号	项目	内容
1	电梯设备进场验收	(2)随机文件包括土建布置图，产品出厂合格证，门锁装置、限速器、安全钳及缓冲器等保证电梯安全部件的型式检验证书复印件，设备装箱单，安装、使用维护说明书，动力电路和安全电路的电气原理图
2	土建交接检验的要求	(1)机房内部、井道土建或钢架结构及布置必须符合电梯土建布置图的要求。井道最小净空尺寸应和土建布置图要求的一致。 (2)机房内应设有固定的电气照明，在机房内靠近入口处应设有一个开关控制机房照明电源。机房的电源零线和接地线应分开，接地装置的接地电阻值不应大于4Ω。 (3)主电源开关应能切断电梯正常使用情况下的最大电流，对有机房电梯，开关应能从机房入口处方便接近。对无机房电梯，该开关应设置在井道外方便接近的地方。 (4)电梯安装之前，所有厅门预留孔必须设有高度不小于1200mm的安全保护围封(安全防护门)，并应保证有足够的强度，保护围封下部应有高度不小于100mm的踢脚板，并应采用左右开启方式，不能上下开启。 (5)井道内应设置永久性电气照明，井道照明电压宜采用36V安全电压，井道内照度不得小于50lx，井道最高点和最低点0.5m内应各装一盏灯，中间灯间距不超过7m，并分别在机房和底坑设置控制开关。 (6)轿厢缓冲器支座下的底坑地面应能承受满载轿厢静载4倍的作用力。 (7)每层楼面应有最终完成的地面基准标识，多台并列的电梯应提供厅门口装饰基准线标识
3	驱动主机安装要求	(1)紧急操作装置动作必须正常。可拆卸的装置必须置于驱动主机附近易接近处，紧急救援操作说明必须贴于紧急操作时易见处。 (2)制动器动作应灵活，间隙应调整，驱动主机、驱动主机底座与承重梁的安装应符合产品设计要求。驱动主机减速箱内油量应在油标所限定的范围内。 (3)当驱动主机承重梁需埋入承重墙时，埋入端长度应超过墙厚中心至少20mm，且支承长度不应小于75mm

序号	项目	内容
4	导轨安装要求	(1)两列导轨顶面间距离的允许偏差:轿厢导轨 0～+2mm;对重导轨 0～+3mm。 (2)导轨支架在井道壁上的安装应固定可靠。预埋件应符合土建布置图要求。锚栓(如膨胀螺栓等)固定应在井道壁的混凝土构件上使用,其连接强度与承受振动的能力应满足电梯产品设计要求,混凝土构件的压缩强度应符合土建布置图要求。 (3)每列导轨工作面(包括侧面和顶面)与安装基准线每 5m 的允许偏差:轿厢导轨和设有安全钳的对重(平衡重)导轨不应大于 0.6mm;不设安全钳的对重(平衡重)导轨不应大于 1.0mm。 (4)轿厢导轨和设有安全钳的对重(平衡重)导轨工作面接头处不应有连续缝隙,导轨接头处台阶不应大于 0.05mm。不设安全钳的对重(平衡重)导轨接头处缝隙不应大于 1.0mm,导轨工作面接头处台阶不应大于 0.15mm
5	门系统安装要求	(1)电梯层门地坎至轿厢地坎之间的水平距离允许偏差为 0～+3mm,且最大距离严禁超过 35mm。 (2)层门的强迫关门装置必须动作正常。 (3)由动力操纵的水平滑动门,在关门 1/3 行程之后,阻止关门的力严禁超过 150N。 (4)门扇与门扇、门扇与门套、门扇与门楣、门扇与门口处轿壁、门扇下端与地坎的间隙,乘客电梯不应大于 6mm,载货电梯不应大于 8mm
6	轿厢系统安装要求	(1)当距轿底在 1.1m 以下使用玻璃轿壁时,必须在距轿底面 0.9～1m 的高度安装扶手,且扶手必须独立地固定,不得与玻璃相关。 (2)当轿厢有反绳轮时,反绳轮应设置防护装置和挡绳装置。 (3)当轿顶外侧边缘至井道壁水平方向的自由检查距离大于 0.3m 时,轿顶应装设防护栏及警示性标识
7	对重(平衡重)安装要求	当对重(平衡重)架有反绳轮,反绳轮应设置防护装置和挡绳装置
8	安全部件安装要求	(1)限速器动作速度整定封记必须完好,且无拆动痕迹。 例如,检查人员对某台电梯限速器检查时,根据限速器型式检验证书及安装、维护使用说明书,找到限速器上的每个整定封记部位,观察封记都完好。

序号	项目	内容
8	安全部件安装要求	(2)当安全钳可调节时，整定封记应完好，且无拆动痕迹。 (3)轿厢在两端站平层位置时，轿厢、对重的缓冲器撞板与缓冲器顶面间的距离应符合土建布置图要求。轿厢、对重的缓冲器撞板中心与缓冲器中心的偏差不应大于20mm
9	悬挂装置、随行电缆、补偿装置安装要求	(1)绳头组合必须安全可靠，且每个绳头组合必须安装防螺母松动和脱落的装置。 (2)钢丝绳严禁有死弯，随行电缆严禁有打结和波浪扭曲现象。 (3)当轿厢悬挂在两根钢丝绳或链条上，且其中一根钢丝绳或链条发生异常相对伸长时，为此装设的电气安全开关应动作可靠。 (4)随行电缆在运行中应避免与井道内其他部件干涉。当轿厢完全压在缓冲器上时，随行电缆不得与底坑地面接触
10	电气装置安装要求	(1)所有电气设备及导管、线槽的外露可以导电部分应当与保护线(PE)连接，接地支线应分别直接接至接地干线的接线柱上，不得互相连接后再接地。 (2)动力和电气安全装置的导体之间和导体对地之间的绝缘电阻不得小于0.5MΩ。 (3)机房和井道内应按产品要求配线。护套电缆可明敷于井道或机房内使用，但不得明敷于地面
11	电梯整机安装要求	(1)当三相电源中任何一相断开或任何两相错接时，应有断相、错相保护功能，使电梯不发生危险故障。 (2)动力电路、控制电路、安全电路必须有与负载匹配的短路保护装置；动力电路必须有过载保护装置。 (3)限速器上的轿厢(对重、平衡重)下行标志必须与轿厢(对重、平衡重)的实际下行方向相符。限速器铭牌上的额定速度、动作速度必须与被检电梯相符。限速器必须与其型式试验证书相符。 (4)安全钳、缓冲器、门锁装置必须与其型式试验证书相符。 (5)上、下极限开关必须是安全触点，在端站位置进行动作试验时必须动作正常。在轿厢或对重(如果有)接触缓冲器之前必须动作，且缓冲器完全压缩时，保持动作状态。

序号	项目	内容
11	电梯整机安装要求	(6)限速器绳张紧开关、液压缓冲器复位开关等必须动作可靠。 (7)限速器与安全钳电气开关在联动试验中必须动作可靠,且应使驱动主机立即制动。 (8)对瞬时式安全钳,轿厢应载有均匀分布的额定载重量;对渐进式安全钳,轿厢应载有均匀分布的125%额定载重量。 (9)层门与轿门试验时,每层层门必须能够用三角钥匙正常开启,当一个层门或轿门非正常打开时,电梯严禁启动或继续运行。 (10)对曳引式电梯的曳引能力进行试验时,轿厢在行程上部范围空载上行及行程下部范围载有125%额定载重量下行,分别停层3次以上,轿厢必须可靠地制停(空载上行工况应平层)。轿厢载有125%额定载重量以正常运行速度下行时,切断电动机与制动器供电,电梯必须可靠制动。当对重完全压在缓冲器上,且驱动主机按轿厢上行方向连续运转时,空载轿厢严禁向上提升。 (11)电梯安装后应进行运行试验;轿厢分别在空载、额定载荷工况下,按产品设计规定的每小时启动次数和负载持续率各运行1000次(每天不少于8h),电梯应运行平稳、制动可靠、连续运行无故障

★高频考点:自动扶梯、自动人行道施工要求

序号	项目	内容
1	设备进场验收要求	(1)设备技术资料必须提供梯级或踏板的型式检验报告复印件,或胶带的断裂强度证明文件复印件;对公共交通型自动扶梯、自动人行道应有扶手带的断裂强度证书复印件。 (2)随机文件应该有土建布置图,产品出厂合格证,装箱单,安装、使用维护说明书,和动力电路和安全电路的电气原理图。 (3)设备零部件应与装箱单内容相符,设备外观不应存在明显的损坏
2	土建交接检验的要求	(1)自动扶梯的梯级或自动人行道的踏板或胶带上空,垂直净高度严禁小于2.3m。 (2)在安装之前,井道周围必须设有保证安全的栏杆或屏障,其高度严禁小于1.2m。

序号	项目	内容
2	土建交接检验的要求	(3)根据产品供应商的要求,应提供设备进场所需的通道和搬运空间。 (4)在安装之前,土建施工单位应提供明显的水平基准线标识
3	整机安装验收要求	(1)整机安装检查要求: ①梯级、踏板、胶带的楞齿及梳齿板应完整、光滑。 ②内盖板、外盖板、围裙板、扶手支架、扶手导轨、护壁板接缝应平整。接缝处的凸台不应大于0.5mm。 (2)自动扶梯、自动人行道在无控制电压、电路接地故障、过载时,必须自动停止运行。下列情况下的开关断开的动作必须通过安全触点或安全电路来完成: ①无控制电压、电路接地的故障、过载。 ②控制装置在超速和运行方向非操纵逆转下动作。 ③附加制动器动作。 ④直接驱动梯级、踏板或胶带的部件(如链条或齿条)断裂或过分伸长。 ⑤驱动装置与转向装置之间的距离(无意性)缩短。 ⑥梯级、踏板下陷,或胶带进入梳齿板处有异物夹住,且产生损坏梯级、踏板或胶带支撑结构。 ⑦无中间出口的连续安装的多台自动扶梯、自动人行道中的一台停止运行。 ⑧扶手带入口保护装置动作。 (3)不同回路的导线之间、导线对地的绝缘电阻要求: 导线之间和导线对地之间的绝缘电阻应大于1000Ω/V,动力电路和电气安全装置电路不得小于0.5MΩ,其他电路(控制、照明、信号等)不得小于0.25MΩ。 (4)自动扶梯、自动人行道的性能试验,在额定频率和额定电压下,梯级、踏板或胶带沿运行方向空载时的速度与额定速度之间的允许偏差为±5%;扶手带的运行速度相对梯级、踏板或胶带的速度允许偏差为0~+2%。 (5)自动扶梯、自动人行道应进行空载制动试验。 (6)自动扶梯、自动人行道应进行载有制动载荷的下行制停距离试验(除非制停距离可以通过其他方法检验)。 (7)自动扶梯与楼板交叉处及各交叉布置的自动扶梯相交叉的三角形区域,应设置一个无锐利边缘的垂直防碰保护板,其高度不应小于0.3m,如用一个无孔的三角形保护板。 (8)电气装置的主电源开关不应切断电源插座、检修和维护所必须的照明电源

B10 施工合同履约及风险防范

★高频考点：施工承包合同

序号	项目	内容
1	施工承包合同文件	一般都由协议书、通用条款、专用条款组成。除合同文本外，合同文件一般还包括：中标通知书、投标书及其附件、有关的标准、规范及技术文件、图纸、工程量清单、工程报价单或预算书等。在合同订立及履行过程中形成的与合同有关的文件均构成合同文件组成部分
2	合同文件的优先顺序	(1)中标通知书(如果有)。 (2)投标函及其附录(如果有)。 (3)专用合同条款及其附件。 (4)通用合同条款。 (5)技术标准和要求。 (6)图纸。 (7)已标价工程量清单或预算书。 (8)其他合同文件
3	合同中的承包人(项目经理)	(1)项目经理应为合同当事人所确认的人选，并在专用合同条款中明确项目经理的姓名、职称、注册执业证书编号、联系方式及授权范围等事项，项目经理经承包人授权后代表承包人负责履行合同。项目经理应是承包人正式聘用的员工，承包人应向发包人提交项目经理与承包人之间的劳动合同，以及承包人为项目经理缴纳社会保险的有效证明。承包人不提交上述文件的，项目经理无权履行职责，发包人有权要求更换项目经理，由此增加的费用和(或)延误的工期由承包人承担。 (2)项目经理应常驻施工现场，且每月在施工现场的时间不得少于专用合同条款约定的天数。项目经理不得同时担任其他项目的项目经理。项目经理确需离开施工现场时，应事先通知监理人，并取得发包人的书面同意。项目经理的通知中应当载明临时代行其职责的人员的注册执业资格、管理经验等资料，该人员应具备履行相应职责的能力。

序号	项目	内容
3	合同中的承包人（项目经理）	(3)承包人需要更换项目经理的，应提前14天通知发包人及监理单位，并征得发包人书面同意，发包人要求更换不称职的项目经理的，书面通知中应当载明要求更换的理由。 注：承包人违反上述约定的，应按照专用合同条款的约定，承担违约责任

注：合同管理内容包括：合同评审；合同订立；合同实施计划；合同实施控制；合同管理总结。

★高频考点：专业工程分包合同

序号	项目	内容
1	主要内容	(1)专业工程分包合同示范文本的结构和主要条款、内容与施工承包合同相似。 (2)分包合同内容的特点是，既要保持与主合同条件中相关分包工程部分规定的一致性，又要区分两个合同主体之间的差异。分包合同所采用的语言文字和适用的法律、行政法规及工程建设标准一般应与主合同相同
2	项目施工总承包单位的工作	(1)向分包人提供与分包工程相关的各种证件、批件和各种相关资料，向分包人提供具备施工条件的施工场地。 (2)组织分包人参加图纸会审，向分包人进行设计图纸交底。 (3)提供本合同专用条款中约定的设备和设施。 (4)为分包人提供施工所要求的场地和通道等。 (5)负责施工场地的管理工作，协调分包人与同一施工场地的其他施工人员之间的交叉配合，确保分包人按照经批准的施工组织设计进行施工
3	专业工程分包人的主要责任和义务	(1)除非合同条款另有约定，分包人应履行并承担总承包合同中与分包工程有关的发包人的所有义务与责任，同时应避免因分包人自身行为或疏漏造成发包人违反发包人与业主间约定的合同义务的情况发生。 (2)分包人须服从发包人下达的或发包人转发监理工程师与分包工程有关的指令。未经发包人允许，分包人不得以任何理由越过发包人，与业主或监理工程师发生直接工作联系，分包人不得直接致函业主或监理工程师，也不得直接接受业主或监理工程师的指令。如分包人与业主或监理工程师发生直接工作联系，将被视为违约，并承担违约责任

★高频考点：机电工程项目分包合同应考虑的因素

1. 总承包合同约定的或业主指定的分包项目；不属于主体工程。总承包单位考虑分包施工更有利于工程的进度和质量的分部工程；一些专业性较强的分部工程分包，分包单位必须具备相应的企业资质等级，以及相应的技术资格，如锅炉、压力管道、压力容器、起重、电梯技术资格。

2. 签订分包合同后，若分包合同与总承包合同发生抵触时，应以总承包合同为准，分包合同不能解除总承包单位的任何义务与责任。分包单位的任何影响到业主与总承包单位间合同的违约或疏忽，均会被业主视为总承包单位的违约行为。因此，总承包单位必须重视并指派专人负责对分包单位的管理，保证分包合同和总承包合同的履行。

3. 只有业主和总承包单位才是工程施工总承包合同的当事人，分包单位根据分包合同也应享受相应的权利和承担相应的责任。分包合同必须明确规定分包单位的任务、责任及相应的权利，包括合同价款、工期、奖罚等。

4. 分包合同条款应写得明确和具体，避免含糊不清，也要避免与总承包合同中的业主发生直接关系，以免责任不清。应严格规定分包单位不得把工程转包给其他单位。

5. 作业分包管理是机电工程承包合同管理的重要组成部分。

★高频考点：合同风险主要表现形式及防范

序号	项目	内容
1	合同风险的主要表现形式	(1)合同主体不合格。 (2)合同订立或招标投标过程违反建设工程的法定程序。 (3)合同条款不完备或存在着单方面的约束性。 (4)签订固定总价合同或垫资合同的风险。固定总价合同由于工程价格在工程实施期间不因价格变化而调整，承包人需承担由于工程材料价格波动和工程量变化所带来的风险。 (5)业主违约，拖欠工程款。 (6)履约过程中的变更、签证风险。 (7)业主指定分包单位或材料供应商所带来的合同风险

序号	项目	内容
2	合同风险防范要点	(1)规范合同行为,诚信守法。 (2)加强合同评审、评估、管控。认真组织合同评审,评估各项风险,选派高水平的人员参与谈判,加强合同风险在合同执行期间的管理和控制。 (3)加强索赔管理。以合同为依据,用索赔和反索赔来弥补或减少损失。 (4)管控、转移、规避、消减风险。针对合同风险,灵活采用消减风险、转移风险、共担风险等管控风险方法

★高频考点:国际机电工程项目合同风险防范措施

序号	项目	风险内容	防范措施
1	项目所处的环境风险防范措施	(1)政治风险防范:政治风险主要指项目所在国政局动荡、战争、汇兑限制和政府违约	特许权协议必须得到东道国政府的正式批准,并对项目付款义务提供担保。向国家出口信用保险公司投保政治保险
		(2)市场和收益风险防范:市场和收益风险主要指市场价格的变化而关联的收益损失的风险和业主资金链发生问题而出现停付或延后支付工程款的风险	在特许协议中,由东道国政府对项目付款义务提供担保(主权担保)
		(3)财经风险防范:财经风险主要指利率、汇率、外汇兑换率、外汇可兑换性等,例如:在金融风暴期间,一些国际项目的业主支付的本国货币汇率大幅下跌,从而增加汇兑损失的风险	就目前国际金融状况而言,项目融资全部以美元贷款,通过远期外汇买卖、外汇买卖掉期、货币期权等金融工具进行汇率风险的规避
		(4)法律风险防范:法律风险主要指涉及土地法、税法、劳动法、环保法、合同法、招标投标法等法律法规的更改和变化所引起的项目成本增加或收入减少等风险	明确因违约、歧义、争端的仲裁在双方都认可的第三国进行

序号	项目	风险内容	防范措施
1	项目所处的环境风险防范措施	(5)不可抗力风险防范：主要指超出通常状况下所能预料的范围或程度的自然灾害所带来的风险	对可投保的各种不可抗力风险进行保险
2	项目实施中自身风险防范措施	(1)建设风险防范：主要指项目建设期间工程费用超支、工期延误、工程质量不合格、安全管理薄弱等	通过招标竞争选择有资信、有实力的承包商。在特许经营期的设计上，完工风险采用东道国政府和项目公司共同承担
		(2)营运风险防范（主要指 BOT、BOOT、ROT 等涉及运营环节的项目）：主要指在整个营运期间承包商能力影响项目投资效益的风险	运行维护委托专业化运行单位承包，降低运行故障及运行技术风险
		(3)技术风险防范：主要指设计、设备、施工所采用的标准、规范	委托专业化监造单位在过程中严格控制施工质量和设备制造质量，关键技术采用国内成熟的设计、设备、施工技术
		(4)管理风险防范：主要指项目在建设、运营过程中有因管理不善而导致亏损的风险	提高项目融资风险管理水平，提高项目精细化管理能力

B11 施工索赔的类型与实施

★高频考点：索赔的起因与分类

序号	项目	内容
1	索赔的分类	(1)按照索赔目的和要求分类：工期索赔、费用索赔。 (2)按照索赔事件的性质分类：有工程延期索赔、工程加速索赔、工程变更索赔、工程终止索赔、不可预见的外部障碍或条件索赔、不可抗力事件引起的索赔、其他索赔。

序号	项目	内容
1	索赔的分类	(3)按索赔的有关当事人分:总包方与业主之间的索赔,总包方与分包方之间的索赔;总包方与供应商之间的索赔;总包方向保险公司的索赔。其中承包商向业主的索赔:有因合同文件引起的索赔;有关工程施工的索赔;有关价款方面的索赔;有关工期的索赔;特殊风险和人力不可抗拒灾害的索赔;工程暂停、终止合同的索赔;财务费用补偿的索赔等
2	索赔成立的前提条件	(1)与合同对照,事件已造成了承包人工程项目成本的额外支出,或直接工期损失。 (2)造成费用增加或工期损失的原因,按合同约定不属于承包人的行为责任或风险责任。 (3)承包人按合同规定的程序和时间提交索赔意向通知和索赔报告

★高频考点：施工索赔的几个关键环节

序号	项目	内容
1	提出索赔意向书	(1)索赔意向书递交监理工程师后应经主管监理工程师签字确认,必要时施工单位负责人、现场负责人及现场监理工程师、主管监理工程师要一起到现场核对。 (2)索赔意向书送交监理工程师签字确认后要及时收集证据,收集的证据要确凿,理由要充分,所有工程费用和工期索赔应附有现场工程监理工程师认可的记录和计算资料及相关的证明材料。 (3)辨别何种原因导致索赔及起止日期计算方法
2	做好同期记录	(1)从索赔事件起算日起至索赔事件结束日止,认真做好同期记录,记录的内容要完整。 (2)当索赔事件造成现场损失时,还应注意现场照片、录像资料的完整性,且粘贴打印说明后请监理工程师签字
3	提交详细情况报告	索赔事件进行过程中,承包人应向监理工程师提交索赔事件的阶段性详细情况报告,说明索赔事件目前的损失款额、影响程度及费用索赔的依据
4	提交最终索赔报告	(1)当索赔事件所造成的影响结束后,承包人应在合同规定的时间内向监理工程师提交最终索赔详细报告,形成正式文件,同时抄送、抄报相关单位。

序号	项目	内容
4	提交最终索赔报告	(2)承包人的正式索赔文件有:索赔申请表、批复的索赔意向书、编制说明、附件等。包括本项费用或工期索赔有关的各种往来文件,包括承包人发出的与工期和费用索赔有关的证明材料及详细计算资料
5	施工索赔的注意事项	(1)索赔事件发生后,承包人必须在合同约定的时间内提出索赔。 (2)承包人必须按照合同约定的程序进行,否则可能会丧失索赔利益的实现。 (3)施工索赔实现的关键是承包人提供的证据确实充分。 (4)施工索赔是单方主张权利要求,经对方签字确认后即成为索赔凭证,在双方未能协商一致的情况下,仲裁或诉讼是施工索赔最后的救济手段。 (5)施工索赔的解决方式。可以依据《建设工程施工合同》约定的程序,由承包人提出,经双方友好协商、调解解决。承包人还可以委托律师向仲裁机构申请仲裁或向人民法院提起诉讼解决

★高频考点：不同原因导致索赔及起止日期计算方法

1. 延期发出图纸引起的索赔

由于为施工前准备阶段，该类项目一般只进行工期索赔，相应施工机械进场，达到施工程度因未有详细图纸不能进行施工时应进行机械停滞费用索赔。

2. 恶劣的气候条件导致的索赔

分为工程损失索赔及工期索赔。在建项目未投保时，应根据合同条款及时进行索赔。该类索赔计算方法：在恶劣气候条件开始影响的第一天为起算日，恶劣气候条件终止日为索赔结束日。

3. 工程变更导致的索赔

分为工程施工项目已进行施工又进行工程施工项目增加或局部尺寸、数量变化等而引起的索赔。计算方法：承包人收到监理工程师书面工程变更指令或发包人下达的变更图纸日期为起算日，变更工程完成日为索赔结束日。

4. 以承包人之能力不可预见事件引起的索赔

由于在工程投标时存在图纸不全等情况，有些项目承包人无法做正确计算，如特殊地质情况等，该类项目一般索赔工程数量增加或需重新投入新工艺、新设备等。计算方法：在承包人未预见的情况开始出现的第一天为起算日，终止日为索赔结束日。

5. 由外部环境影响引起的索赔

这是属于发包人的原因，由于外部环境影响如征地拆迁、道路封闭、用地的出入权和使用权等而引起的索赔。根据监理工程师批准的施工计划影响的第一天为起算日，经发包人协调或外部环境影响自行消失日为索赔事件结束日。该类项目一般进行工期及工程机械停滞费用索赔，以及索赔人员窝工费用。

6. 监理工程师指令导致的索赔

以收到监理工程师书面指令时为起算日，按其指令完成某项工作的日期为索赔事件结束日。

7. 其他原因导致的承包人的索赔

视具体情况确定起算和结束日期。

B12 施工方案的编制要求

★高频考点：施工方案的类型

序号	项目	内容
1	专业工程施工方案	是指以组织专业工程(含多专业配合工程)实施为目的,用于指导专业工程施工全过程各项施工活动需要而编制的工程施工方案
2	安全专项施工方案	是指规定的危险性较大的专项工程以及按照专项规范规定和特殊作业需要而编制的工程施工方案

★高频考点：安全专项施工方案

序号	项目	内容
1	安全专项施工方案的编制	施工单位应当在危险性较大的分部分项工程施工前组织工程技术人员编制专项施工方案,实行施工总承包的,应由施工总承包单位组织编制。危大工程实行分包的,其安全专项施工方案可由专业分包单位组织编制

序号	项目	内容
2	安全专项施工方案的审核、实施	(1)专项施工方案应当由施工单位技术负责人审核签字,加盖单位公章,并由总监理工程师签字、加盖执业印章后方可实施。 (2)危险性较大的分部分项工程实行分包并由分包单位编制专项施工方案的,专业施工方案应当由总承包单位技术负责人及分包单位技术负责人共同审核签字,并加盖单位公章。 (3)对于超过一定规模的危险性较大的分部分项工程,施工单位应当组织召开专家论证会对专项施工方案进行论证。实行施工总承包的,由施工总承包单位组织召开专家论证会。专家论证前专项施工方案应当通过施工单位审核和总监理工程师审查
3	专家论证后的实施要求	(1)论证意见为"修改后通过"的,施工单位应当根据论证意见修改完善后重新履行审批程序。 (2)论证意见为"不通过"的,施工单位修改后应当重新组织专家论证

★高频考点：施工方案的编制内容及要点

序号	项目	内容
1	施工方案的编制内容	工程概况、编制依据、施工安排、施工进度计划、施工准备与资源配置计划、施工方法及工艺要求、质量安全环境保证措施等
2	施工方案编制要点	(1)工程概况:要介绍工程的主要情况、设计和工程施工条件等。 (2)施工安排:应确定进度、质量、安全、环境、成本和绿色施工等目标;确定施工顺序及施工流水段;确定工程管理的组织机构及岗位职责;针对工程的重点和难点简述主要的管理和技术措施。 (3)施工进度计划:应根据施工安排的要求进行编制,采用网络图或横道图表示,并附必要说明。 (4)施工准备与资源配置计划:施工准备包括技术准备、现场准备和资金准备;资源配置计划包括劳动力配置计划和物资配置计划。尽量做到均衡施工。 (5)施工方法及工艺要求:应明确分部(分项)工程或专项工程施工方法并进行必要的技术核算;明确主要分项工程(工序)施工工艺要求;明确各工序之间的顺序、平行、交叉等逻辑关系;明确工序操作要点、机具选择、

序号	项目	内容
2	施工方案编制要点	检查方法和要求；明确针对性的技术要求和质量标准；对易发生质量通病、易出现安全问题、施工难度大、技术含量高的分项工程（工序）等做出重点说明；对开发和应用的新技术、新工艺以及采用的新材料、新设备通过必要的试验或论证并制订计划；对季节性施工提出具体要求。 (6)质量安全环境保证措施：质量保证措施包括制定工序控制点，明确工序质量控制方法等；安全环境保证措施包括危险源和环境因素的辨识，确定重大危险源和重要环境因素，并制定相应的预防与控制措施

★高频考点：危大工程范围和专项施工方案内容

序号	项目	内容
1	机电安装工程中涉及的超危大工程范围	(1)起重吊装工程：采用非常规起重设备、方法，且单件起吊重量在100kN及以上。 (2)起重机械安装和拆卸工程：起重量大于等于300kN，或搭设总高度大于等于200m，或搭设基础标高大于等于200m。 (3)钢结构安装工程：跨度大于等于36m。 (4)大型结构整体顶升、平移、转体等施工工艺：重量大于等于1000kN
2	危大工程专项施工方案的主要内容	(1)工程概况：危大工程概况和特点，施工平面布置、施工要求和技术保证条件。 (2)编制依据：相关法律法规，规范性文件、标准、规范及施工图设计文件、施工组织设计等。 (3)施工计划：包括施工进度计划、材料、设备计划。 (4)施工工艺技术：包括技术参数、工艺流程、施工方法、操作要求、检查要求等。 (5)施工安全保证措施：包括组织保障措施、技术措施和监测监控措施等。 (6)施工管理及作业人员配备和分工，包括施工管理人员、专职安全管理人员、特种作业人员和其他作业人员等的配备和职责分工。 (7)验收要求：指与施工安全有关的人员、机械设备、施工材料、施工环境、测量手段等施工条件及安全设施的验收确认，包括验收标准、验收程序、验收人员、验收内容。必须注意的是这里的“验收”不是工程质量验收。

序号	项目	内容
2	危大工程专项施工方案的主要内容	(8)应急处置措施:指的是施工现场出现紧急情况时如何救治伤员和防止时态扩大的措施。 (9)计算书及相关图纸:指的是方案中的计算书及必要的计算简图和施工安全设施、装置的设计图纸等

★高频考点：施工方案优化

序号	项目	内容
1	施工方案的技术经济分析原则	(1)要有两个以上的方案,每个方案都要可行,方案要具有可比性,方案要具有客观性。 (2)由于涉及的因素多且复杂,一般只对一些主要的分部分项工程的施工方案进行技术经济分析评价
2	施工方案经济评价的常用方法是综合评价法	综合评价法公式: $E_j = \sum_{i=1}^{n}(A \times B)$ 式中:E_j——评价值; n——评价要素; A——方案满足程度(%); B——权值(%)。 用上述公式计算出最大的方案评价值 $E_{j\max}$ 就是被选择的方案
3	常用来进行技术经济分析的施工方案	(1)重、大设备或高精密、高价值设备的运输方案。 (2)被焊工件厚度或焊接工程量大,以及重要部位或有特殊材料的焊接方案。 (3)工程量或交叉施工量大的工程施工组织方案。 (4)传统作业技术和采用新技术、新工艺的方案。 (5)现场和工厂预制方案。 (6)综合系统试验及无损检测方案。 (7)特殊作业方案。 (8)关键过程技术方案等
4	施工方案的技术经济比较	(1)技术先进性比较 ①比较各方案的技术先进水平,如达到国家、行业、省市级先进水平等。 ②比较各方案的技术创新程度,如突破、填补空白、达到领先。 ③比较各方案的技术效率,如吊装技术中的起吊吨位、每吊时间间隔、吊装直径范围、起吊高度等;焊接技

序号	项目	内容
4	施工方案的技术经济比较	术中能否适应母材、焊接速度、熔敷效率、适应焊接位置等;无损检测技术中的单片、多片射线探伤等;测量技术中平面、空间、自动记录、绘图等。 ④比较各方案的创新技术点数,如该点数占本方案总的技术点数的比率。 ⑤比较各方案实施的安全性,如可靠性、事故率等。 (2)经济合理性比较 ①比较各方案的一次性投资总额。 ②比较各方案的资金时间价值。 ③比较各方案对环境影响的程度。 ④比较各方案的产值贡献率。 ⑤比较各方案对工程进度和费用的影响。 ⑥比较各方案的综合性价比。 (3)重要性比较 ①推广应用的价值比较,如社会(行业)进步等。 ②社会效益的比较,如资源节约、污染降低等

B13 施工进度计划类型与编制

★高频考点：施工进度计划编制形式和编制要点

序号	项目	内容
1	施工进度计划表达形式的选择	(1)民用工程项目进度计划是以建筑工程施工进度计划为主线的,建筑机电工程施工进度计划要配合建筑工程施工进度计划,建筑机电工程施工进度工程的工期目标与建筑工程的工期目标是相同的,交工验收活动也是协同的,所以其表达的形式应该是一致的。 (2)工业工程项目的机电工程施工进度计划要按生产工艺流程的顺序进行安排,建筑工程的施工进度计划要符合机电工程施工进度计划的安排。机电工程进度计划和建筑工程进度计划的表达形式可依据各自具体情况进行选定。 (3)施工总进度计划节点较大,划分得也较粗,各专业工程相互制约的依赖关系和衔接的逻辑关系比较清楚,用横道图进度计划表示为宜。

序号	项目	内容
1	施工进度计划表达形式的选择	(4)机电工程规模较大、专业工艺关系复杂、制约因素较多,施工设计图纸、工程设备、特殊材料和大宗材料采购供应尚未全部清晰,为便于调整计划用网络图进度计划表示为妥
2	机电工程进度计划编制的注意要点	(1)编制的机电工程施工进度计划在实施中能控制和调整,便于沟通协调,使工期、资源、费用等目标获得最佳的效果,应能最大限度地调动积极性,发挥投资效益。 (2)确定机电工程项目施工顺序,要突出主要工程,要满足先地下后地上、先干线后支线等施工基本顺序要求,满足质量和安全的需要,注意生产辅助装置和配套工程的安排,满足用户要求。 (3)确定各项工作的持续时间,计算出工程量,根据类似施工经验,结合施工条件,加以分析对比及必要的修正,最后确认各项工程的持续时间。 (4)在确定各项工作的开竣工时间和相互搭接协调关系时,应分清主次、抓住重点,优先安排工程量大的工艺生产主线,工作安排时要保证重点,兼顾一般。 (5)编制施工进度计划时,应满足连续均衡施工要求,使资源得到充分地利用,提高生产率和经济效益。 (6)施工进度计划安排中留出一些后备工程,以便在施工过程中作为平衡调剂使用。考虑各种不利条件的限制和影响,为施工进度计划的动态控制做准备

B14　职业健康和安全实施要求

★高频考点:职业病防治要求

1. 用人单位应当建立、健全职业病防治责任制，加强对职业病防治的管理，提高职业病防治水平，对本单位产生的职业病危害承担责任。

2. 产生职业病危害的用人单位，应当在醒目位置设置公告栏，公布有关职业病防治的规章制度、操作规程、职业病危害事故应急救援措施和工作场所职业病危害因素检测结果。

3. 职业病危害是指对从事职业活动的劳动者可能导致职业病的各种危害。职业病危害因素包括：职业活动中存在的各种有害的化学、物理、生物因素以及在作业过程中产生的其他职业有害因素。

4. 职业禁忌是指劳动者从事特定职业或者接触特定职业病危害因素时，比一般职业人群更易于遭受职业病危害和罹患职业病或者可能导致原有自身疾病病情加重，或者在从事作业过程中诱发可能导致对他人生命健康构成危险的疾病的个人特殊生理或者病理状态。

★高频考点：建筑行业机电工程安装职业病危害因素

序号	工种	主要职业病危害因素	可能引起的法定职业病	主要防护措施
1	机械设备安装工	噪声、高温、高处作业	噪声聋、中暑	护耳器、热辐射防护服
2	电气设备安装工	噪声、高温、高处作业、工频磁场、工频电场	噪声聋、中暑	护耳器、热辐射(工频电磁场)防护服、
3	管工	噪声、高温、粉尘、高处作业	噪声聋、中暑、尘肺	护耳器、热辐射防护服、防尘口罩
4	电焊工	电焊烟尘、锰及其化合物、一氧化碳、氮氧化物、臭氧、紫外线、红外线、高温、高处作业	电焊工尘肺、金属烟热、化学物中毒、电光性眼(皮)炎、中暑	防尘防毒口罩、护目镜、防护面罩、热辐射防护服

★高频考点：职业病分类和引起职业病的危害因素

序号	项目	内容
1	职业病分类	(1)职业病包括职业性尘肺病及其他呼吸系统疾病、职业性皮肤病、职业性眼病、职业性耳鼻喉口腔疾病、职业性化学中毒、物理因素所致职业病、职业性放射性疾病、职业性传染病、职业性肿瘤和其他职业病等。 (2)机电工程安装作业人员可能发生的职业病： ①尘肺病及呼吸系统疾病：电焊工尘肺、金属及其化合物粉尘肺沉着病、刺激性化学物所致慢性阻塞性肺疾病。 ②职业性皮肤病：接触性皮炎、光接触性皮炎、电光性皮炎、化学性皮肤灼伤。

序号	项目	内容
1	职业病分类	③职业性眼病：电光性眼炎。 ④职业性耳鼻喉口腔疾病：噪声聋。 ⑤职业性化学中毒：汽油中毒、苯中毒、甲苯中毒。 ⑥物理因素所致职业病：中暑、冻伤。 ⑦职业性放射性疾病：外照射慢性放射病
2	引起职业病的危害因素及来源	(1)粉尘：电焊烟尘、矿渣棉粉尘、砂轮磨尘、岩棉粉尘、珍珠岩粉尘。 (2)化学因素：氨、苯、甲苯、汽油、乙炔、氢氧化钠、碳酸钠(纯碱)、酚醛树脂、环氧树脂、脲醛树脂、三聚氰胺甲醛树脂、丙酮。 (3)物理因素：噪声、高温、低温、紫外线、红外线。 (4)放射性因素：密封放射源产生的电离辐射(γ射线)、X射线装置产生X射线

★高频考点：安全生产管理

序号	项目	内容
1	安全生产	(1)生产经营单位与从业人员订立的劳动合同，应当载明有关保障从业人员劳动安全、防止职业危害的事项，以及依法为从业人员办理工伤保险的事项。 (2)从业人员有权对本单位安全生产工作中存在的问题提出批评、检举、控告；有权拒绝违章指挥和强令冒险作业
2	安全生产管理机构设置及专职安全生产管理人员	(1)安全生产管理机构是指建筑施工企业设置的负责安全生产管理工作的独立职能部门。 (2)专职安全生产管理人员是指经建设主管部门或者其他有关部门安全生产考核合格取得安全生产考核合格证书，并在建筑施工企业及其项目从事安全生产管理工作的专职人员。 (3)建筑施工企业应当实行建设工程项目专职安全生产管理人员委派制度。 (4)建筑施工企业应当在建设工程项目组建安全生产领导小组。建设工程实行施工总承包的，安全生产领导小组由总承包企业、专业承包企业和劳务分包企业项目经理、技术负责人和专职安全生产管理人员组成
3	施工企业安全生产管理	(1)施工企业应建立和健全与企业安全生产组织相对应的安全生产责任体系，并应明确各管理层、职能部门、岗位的安全生产责任。

序号	项目	内容
3	施工企业安全生产管理	(2)施工企业的从业人员上岗应符合下列要求： ①企业主要负责人、项目负责人和专职安全生产管理人员必须经安全生产知识和管理能力考核合格，依法取得安全生产考核合格证书。 ②企业的各类管理人员必须具备与岗位相适应的安全生产知识和管理能力，依法取得必要的岗位资格证书

★高频考点：项目部安全生产管理的职责及制度

序号	项目	内容
1	安全生产组织	(1)成立由项目经理担任组长的安全生产领导小组，根据生产实际情况设立负责安全生产监督管理的部门，并足额配备专职安全生产管理人员。 (2)总承包工程专职安全生产管理人员按工程合同价和专业配备。 (3)分包单位专职安全生产管理人员。应当配置至少1人，并根据所承担的分部分项工程的工程量和施工危险程度增加。 (4)施工作业班组应设置兼职安全员，对本班组的作业场所进行安全监督检查。建筑施工企业应当定期对兼职安全员进行安全教育培训
2	安全生产责任制	(1)项目部应根据安全生产责任制的要求，把安全责任目标层层分解到岗，落实到人。安全生产责任制必须经项目经理批准后实施。项目经理是项目安全生产第一责任人，对项目的安全生产工作负全面责任。明确项目生产经理、安全经理、项目总工程师、责任工程师(工长)、安全员、操作工人等的安全职责。 (2)项目经理安全生产职责： ①全面负责项目的安全生产工作，是项目安全生产的第一责任人。 ②严格执行安全生产法规、规章制度，与项目管理人员和项目分包单位签订安全生产责任书。 ③负责建立项目安全生产管理机构并配备安全管理人员，建立和完善安全管理制度。 ④组织制订项目安全生产目标和施工安全管理计划，并贯彻落实。 ⑤组织并参加项目定期的安全生产检查，落实隐患整改，编制应急预案并演练。

序号	项目	内容
2	安全生产责任制	⑥及时、如实报告生产安全事故，配合事故调查。 (3)施工现场专职安全员职责： ①负责施工现场安全生产巡视督查，并做好记录。 ②发现现场存在安全隐患时，应及时向项目安全部门和项目经理报告。 ③对违章指挥、违章操作的，应立即制止
3	安全生产管理制度	(1)安全生产责任制度。 (2)安全生产教育培训制度。 (3)安全措施计划制度。 (4)安全检查制度。 (5)安全事故报告和处理制度。 (6)安全考核和奖惩制度等

★高频考点：危险源

序号	项目	内容
1	危险源构成要素	潜在危险性、存在条件和触发因素
2	危险源含义	危险源是指一个系统中具有潜在能量和物质释放危险的、可造成人员伤害、在一定的触发因素作用下可转化为事故的部位、区域、场所、空间、岗位、设备及其位置。具有潜在危险的源点或部位，是爆发事故的源头。引发生产安全事故主要原因是危险源，但不是所有危险源会造成生产安全事故
3	危险源构成要素说明	(1)危险源潜在的危险性是指一旦触发事故，可能带来的危害程度或损失大小。 (2)危险源的存在条件是指危险源所处的物理、化学状态和约束条件状态。 (3)触发因素虽然不属于危险源的固有属性，但它是危险源转化为事故的外因，而且每一类型的危险源都有相应的敏感触发因素。如易燃、易爆物质，热能是其敏感的触发因素，又如压力容器，压力升高是其敏感触发因素。因此，一定的危险源总是与相应的触发因素相关联。在触发因素的作用下，危险源转化为危险状态，继而转化为事故

序号	项目	内容
4	“危大工程”含义	(1)在施工过程中存在的、可能导致作业人员群死群伤、重大财产损失或造成重大不良社会影响的分部分项工程,称为“危大工程”。 (2)例如:施工现场临时用电;基坑支护与降水工程;土方开挖工程;模板工程;起重吊装工程;脚手架工程;拆除、爆破工程等

★高频考点：安全检查

序号	项目	内容
1	安全检查内容	(1)安全目标的实现程度,安全生产职责的履行情况。 (2)各项安全生产管理制度的执行情况。 (3)施工现场安全防护和隐患排查情况。 (4)生产安全事故、未遂事故的调查、处理情况。 (5)安全生产法律法规、标准规范和其他要求的执行情况
2	安全检查要求	(1)安全检查类型应包括日常巡查、专项检查、季节性检查、定期检查、不定期抽查、飞行检查等。 (2)安全检查工作应制度化、标准化、经常化。 (3)安全检查应依据充分、内容具体,并编制安全检查表。 (4)安全检查的重点是:违章指挥和违章作业、直接作业环节的安全保证措施等。 (5)对检查中发现的问题和隐患,应定责任、定人、定时、定措施整改,并跟踪复查,实现闭环管理

★高频考点：生产安全事故

序号	项目	内容
1	事故等级	(1)特别重大事故,是指造成 30 人以上死亡,或者 100 人以上重伤(包括急性工业中毒,下同),或者 1 亿元以上直接经济损失的事故。 (2)重大事故,是指造成 10 人以上 30 人以下死亡,或者 50 人以上 100 人以下重伤,或者 5000 万元以上 1 亿元以下直接经济损失的事故。 (3)较大事故,是指造成 3 人以上 10 人以下死亡,或者 10 人以上 50 人以下重伤,或者 1000 万元以上 5000 万元以下直接经济损失的事故。

序号	项目	内容
1	事故等级	(4)一般事故,是指造成3人以下死亡,或者10人以下重伤,或者1000万元以下直接经济损失的事故
2	事故报告	(1)事故发生后,事故现场有关人员应当向本单位负责人(主要负责人和相关负责人)报告。单位负责人接到报告后,应当第一时间启动应急响应,组织有关力量进行救援,并将事故信息及应急响应启动情况于1小时内向事故发生地县级以上人民政府应急管理部门和负有安全生产监督管理职责的有关部门报告。 (2)情况紧急时,事故现场有关人员可以直接向事故发生地县级以上人民政府应急管理部门和负有安全生产监督管理职责的有关部门报告。 (3)危大工程发生险情或者事故时,施工单位应当立即采取应急处置措施,并报告工程所在地住房和城乡建设主管部门
3	事故隐患	隐患是指没有被发现的或未采取控制措施的危险源。 (1)安全生产事故隐患(以下简称事故隐患),是指生产经营单位违反安全生产法律、法规、规章、标准、规程和安全生产管理制度的规定,或者因其他因素在生产经营活动中存在可能导致事故发生的物的危险状态、人的不安全行为和管理上的缺陷。 (2)事故隐患分为一般事故隐患和重大事故隐患。一般事故隐患,是指危害和整改难度较小,发现后能够立即整改排除的隐患。重大事故隐患,是指危害和整改难度较大,应当全部或者局部停产停业,并经过一定时间整改治理方能排除的隐患,或者因外部因素影响致使生产经营单位自身难以排除的隐患
4	事故隐患排查治理	(1)生产经营单位应当建立健全事故隐患排查治理和建档监控等制度,逐级建立并落实从主要负责人到每个从业人员的隐患排查治理和监控责任制。 (2)任何单位和个人发现事故隐患,均有权向应急管理监督部门和有关部门报告。 (3)生产经营单位应当保证事故隐患排查治理所需的资金,建立资金使用专项制度。 (4)生产经营单位应当定期组织安全生产管理人员、工程技术人员和其他相关人员排查本单位的事故隐患。对排查出的事故隐患,应当按照事故隐患的等级进行登记,建立事故隐患信息档案,并按照职责分工实施监控治理

B15　施工质量检验的类型及规定

★高频考点：施工质量"三检制"

序号	项目	内容
1	自检	指由施工人员对自己的施工作业或已完成的分项工程进行自我检验，实施自我控制、自我把关，及时消除异常因素，以防止不合格产品进入下道工序
2	互检	指同组施工人员之间对所完成的作业或分项工程进行互相检查，或是本班组的质量检查员的抽检，或是下道作业对上道作业的交接检验，是对自检的复核和确认
3	专检	指质量检验员对分部、分项工程进行检验，用以弥补自检、互检的不足
4	"三检制"的实施程序	(1)工程施工工序完成后，由施工作业队(或施工班组)负责人组织质量"自检"。 (2)自检合格后，报请项目部，组织上下道工序"互检"。 (3)互检合格后由现场施工员报请质量检查人员进行"专检"。 (4)"自检"记录由施工作业队(或施工班组)负责人填写并保存。 (5)"互检"记录由领工员负责填写(要求上下道工序施工负责人签字确认)并保存。 (6)"专检"记录由各相关质量检查人员负责填写

☆速记点评：施工质量的三级检查制度。简称"三检制"，即操作者的"自检"，施工人员之间的"互检"（交接检）和专职质量检验人员"专检"相结合的一种检验制度。

★高频考点：不合格品管理

序号	项目	内容
1	不合格品	指不符合现行质量标准的产品。经过检验和试验判定，产品质量与相关技术要求和施工图纸、规程规范相偏离，不符合接收准则。包括不合格物资和不合格工序

序号	项目	内容
2	不合格品处置	(1)不合格物资处置 ①当发现不合格物资时,应及时停止该工序的施工作业或停止材料使用,并进行标识隔离。 ②已经发出的材料应及时追回。 ③属于业主提供的设备材料应及时通知业主和监理。 ④对于不合格的原材料,应联系供货单位提出更换或退货要求。 ⑤已经形成半成品或制成品的过程产品,应组织相关人员进行评审,提出处置措施。 ⑥实施处置措施。 (2)不合格工序处置 ①返修处理:工程质量未达到规范、标准或设计要求,存在一定缺陷,但通过修补或更换器具、设备后,可使产品满足预期的使用功能,可以进行返修处理。 ②返工处理:工程质量未达到规范、标准或设计要求,存在质量问题,但通过返工处理可以达到合格标准要求的,可对产品进行返工处理。 ③不作处理:某些工程质量虽不符合规定的要求,但经过分析、论证、法定检测单位鉴定和设计等有关部门认可,对工程或结构使用及安全影响不大、经后续工序可以弥补的;或经检测鉴定虽达不到设计要求,但经原设计单位核算,仍能满足结构安全和使用功能的,也可不作专门处理。 ④降级使用(限制使用):工程质量缺陷按返修方法处理后,无法保证达到规定的使用要求和安全要求,又无法返工处理,可作降级使用处理。 ⑤报废处理:当采取上述方法后,仍不能满足规定的要求或标准,则必须报废处理

★高频考点:施工质量验收

1. 质量验收应在施工单位自行质量检验合格的基础上,由参与工程项目建设的有关单位共同对工程施工质量进行抽样复验,对质量合格与否做出书面确认。

2. 分项、分部、单位工程的质量验收,应按照所划分的检验批、分项、子分部、分部、子单位、单位工程依次进行。

(1) 检验批验收:由专业监理工程师组织施工单位项目专业质量检查员、专业工长等进行验收。

（2）分项工程验收：在施工单位自检的基础上，由建设单位专业技术负责人（监理工程师）组织施工单位专业技术质量负责人进行验收。

（3）分部（子分部）工程验收：在各分项工程验收合格的基础上，由施工单位向建设单位提出报验申请，由建设单位项目负责人（总监理工程师）组织施工单位和监理、设计等有关单位项目负责人及技术负责人进行验收。

（4）单位（子单位）工程验收：单位工程完工后，由施工单位向建设单位提出报验申请，由建设单位项目负责人组织施工单位、监理单位、设计单位等项目负责人进行验收。

3. 隐蔽工程验收：

隐蔽工程是指工程项目建设过程中，某一道工序所完成的工程实物，被后一工序形成的工程实物所隐蔽，而且不可逆向作业的工程。

4. 工程专项验收：

工程专项验收主要包括：消防验收、环境保护验收、工程档案验收、建筑防雷验收、建筑节能专项验收、安全验收和规划验收等。专项验收应在分层质量验收合格的基础上，在工程总体验收前进行。

5. 当工程由分包单位施工时，其总承包单位应对工程质量全面负责，并应由总承包单位报验。工程质量验收合格后，施工单位应及时填写质量验收记录，参加验收的各方代表进行签字确认。

6. 经过验收，如果工程质量符合标准、规范和设计图纸要求，相关人员应在验收记录上签字确认，施工可以进行下道工序。如果验收不合格，施工单位在监理工程师限定的时间内修改后，重新申请验收。

★高频考点：质量监督检验

序号	项目	内容
1	工程质量监督管理	(1)工程质量监督管理：指建设工程主管部门依据有关法律法规和工程建设强制性标准，对工程实体质量和工程建设、勘察、设计、施工、监理单位和质量检测等单位的工程质量行为实施监督。

序号	项目	内容
1	工程质量监督管理	(2)工程质量监督检验的内容: ①执行法律法规和工程建设强制性标准的情况。 ②抽查涉及工程主体结构安全和主要使用功能的工程实体质量。 ③抽查工程质量责任主体和质量检测等单位的工程质量行为。 ④抽查主要建筑材料、建筑构配件的质量。 ⑤对工程竣工验收进行监督。 ⑥组织或者参与工程质量事故的调查处理。 ⑦定期对本地区工程质量状况进行统计分析。 ⑧依法对违法违规行为实施处罚
2	特种设备监督检验	(1)根据《特种设备安全法》规定,特种设备安装、改造、维修的施工单位,应当在施工前将拟进行的特种设备安装、改造、维修情况书面告知直辖市或者设区市的特种设备安全监督管理部门,办理监督检验手续和检验约定后方可施工。 (2)特种设备施工过程中监督检验单位对工程质量及管理过程实施监督,项目结束后出具监督检验报告

B16 计量检定的相关规定

★高频考点:施工计量器具管理和使用要求

序号	项目	内容
1	按检定的目的和性质进行的计量检定分类	(1)首次检定:对未曾检定过的新计量器具进行的第一次检定。多数计量器具首次检定后还应进行后续检定,也有某些强制检定的工作计量器具如竹木直尺,只作首次强制检定,失准后报废。 (2)后续检定:计量器具首次检定后的检定,包括强制性周期检定、修理后检定、周期检定、有效期内的检定。 (3)使用中检定:控制计量器具使用状态的检定。 (4)周期检定:按规定的时间间隔和程序进行的后续检定。 (5)仲裁检定:以裁决为目的的计量检定、测试活动

序号	项目	内容
2	强制检定的特性	(1)强制检定是由政府计量行政主管部门强制实行。使用强制检定的计量器具的单位和个人，都必须按照规定申请检定。 (2)强制检定由政府计量行政部门指定所属的法定计量检定机构或授权的计量检定机构具体执行。 (3)强制检定的检定周期由执行强制检定的技术机构按照计量检定规程确定。 (4)强制检定的计量器具范围有：社会公用计量标准器具；部门和企业、事业单位使用的最高计量标准器具；用于贸易结算、安全防护、医疗卫生、环境监测等方面的列入计量器具强制检定目录的工作计量器具
3	非强制检定的特性	(1)非强制检定即由计量器具使用单位对强制检定范围以外的其他依法管理的计量器具自行进行的定期检定。 (2)非强制检定由使用单位自行依法管理，政府计量行政部门只侧重于对其依法管理的情况进行监督检查。 (3)非强制检定可由使用单位自己执行。本单位不能检定的，可以自主决定委托包括法定计量检定机构在内的任何有权对外开展量值传递工作的计量检定机构检定。 (4)非强制检定的检定周期在检定规程允许的前提下，由使用单位自己根据实际需要确定
4	计量检定的要求	(1)县级以上人民政府计量行政部门对社会公用计量标准器具，部门和企业、事业单位使用的最高计量标准器具，以及用于贸易结算、安全防护、医疗卫生、环境监测方面的列入强制检定目录的工作计量器具，实行强制检定。未按照规定申请检定或者检定不合格的，不得使用。对强制检定以外的其他计量标准器具和工作计量器具，使用单位应当自行定期检定或者送其他计量检定机构检定，县级以上人民政府计量行政部门应当进行监督检查。 (2)使用实行强制检定的计量标准的单位和个人，应当向主持考核该项计量标准的有关人民政府计量行政部门申请周期检定。使用实行强制检定的工作计量器具的单位和个人，应当向当地县(市)级人民政府计量行政部门指定的计量检定机构申请周期检定。当地不能检定的，向上一级人民政府计量行政部门指定的计量检定机构申请周期检定。

序号	项目	内容
4	计量检定的要求	(3)企业、事业单位应当配备与生产、科研、经营管理相适应的计量检测设施,制定具体的检定管理办法和规章制度,规定本单位管理的计量器具明细目录及相应的检定周期,保证使用的非强制检定的计量器具定期检定。 (4)计量检定工作不受行政区划和部门管辖的限制
5	依法实施计量检定	(1)依法检定: 强制检定属于法制检定,要受法律的约束。不按规定进行周期检定的,都要负法律责任。属于强制检定范围的计量器具,未按照规定申请检定或者检定不合格继续使用的,责令停止使用,可以并处罚款。 (2)日常管理: ①计量器具投入使用后,就进入依法使用的阶段。为保证使用中的计量器具的量值准确可靠,应按规定实施周期检定。机电工程项目部应依据国家对强制检定的计量器具检定周期的规定,以及企业自有的计量管理制度对非强检计量器具检定(校验)周期的规定,对检测器具进行周期检定、校验,以防止检测器具的自身误差而造成工程质量不合格。 ②明确本单位负责计量工作的职能机构,配备相适应的专业管理人员。建立项目部计量器具的目录和管理台账。 ③按检定性质,项目部的计量器具分为A、B、C三类,计量员在计量器具的台账上以加盖A、B、C印章形式标明类别。 ④工程开工前,项目部应根据项目质量计划、施工组织设计、施工方案对检测设备的精度要求和生产需要,编制"计量器具配置计划"。依据计量检定规程,按规定的检定周期,结合实际使用情况,合理安排送检计量器具,确保计量器具使用前已按规定要求检定合格。 ⑤由本单位自行检定的计量器具,应制订检定计划,按时进行检定。没有国家承认的标准基准时,本单位可根据国家、部颁标准或测量设备制造厂家提供的使用说明,制定核准认定的标准,进行定期核准。

注:施工单位的计量检定工作应当遵循"经济合理、就地就近"的原则,计量器具可送交工程所在地具有相应资质的计量检定机构检定。

★高频考点：项目部计量器具分类范围和管理要求

序号	类别	范围	管理
1	A类计量器具	公司最高计量标准和计量标准器具;用于贸易结算、安全防护、医疗卫生和环境监测方面,并列入强制检定工作计量器具范围的计量器具;生产工艺过程中和质量检测中关键参数用的计量器具;进出厂物料核算用计量器具;精密测试中准确度高或使用频繁而量值可靠性差的计量器具。例如,一级平晶、水平仪检具、千分表检具、兆欧表、接地电阻测量仪;列入国家强制检定目录的工作计量器具	A类计量器具中属强制检定的计量器具,必须严格按国家计量行政部门的检定管理办法,执行强检。属于非强制检定的计量器具,按有关的检定管理办法、规章制度和检定周期定期进行检定;对准确度高、量值易变、使用频繁的计量器具列为抽查重点,加强日常监督管理;A类计量器具的配置数量,应能确保计量器具按期检定,检定与维修期间生产经营活动正常进行;A类计量器具原则上由计量管理部门统一控制管理
2	B类计量器具	安全防护、医疗卫生和环境监测方面,但未列入强制检定工作计量器具范围的计量器具;生产工艺过程中非关键参数用的计量器具;产品质量的一般参数检测用计量器具;二、三级能源计量用计量器具;企业内部物料管理用计量器具。例如,卡尺可测量轴及孔的直径、塞尺可测量不同深度缝隙的大小、百分表在设备安装找正时可用来测量设备的端面圆跳动和径向圆跳动,还有焊接检验尺、5m以上卷尺、温度计、压力表、万用表等	B类计量器具的管理:对列入B类管理范围的计量器具,如符合国家检定规程要求的应按规定进行周期检定;对无检定规程但需要校准的计量器具(检测设备)应按规定进行校准;B类计量器具的配备数量,应能保证企业生产经营活动正常进行
3	C类计量器具	低值易耗的、非强制检定的计量器具;一般工具用计量器具;在使用过程中对计量数据无精确要求的计量器具;国家计量行政部门允许一次性检定的计量器具。例如:钢直尺、木尺、样板等	一般工具用计量器具,可根据实际使用情况实行一次性检定和有效期管理使用;对准确度无严格要求,性能不易改变的低值易耗计量器具和工具类计量器具可在使用前安排一次性检定;对C类计量器具要进行监督管理,如采用不定期抽查和比对的方式对其进行校对

★高频考点：计量监督

序号	项目	内容
1	监督和贯彻实施计量法律法规的职责	国务院计量行政部门和县级以上地方人民政府计量行政部门监督和贯彻实施计量法律法规的职责是： (1)贯彻执行国家计量工作的方针、政策和规章制度，推行国家法定计量单位。 (2)制定和协调计量事业的发展规划，建立计量基准和社会公用计量标准，组织量值传递。 (3)对制造、修理、销售、使用计量器具实施监督。 (4)进行计量认证，组织仲裁检定，调解计量纠纷。 (5)监督检查计量法律法规的实施情况，对违反计量法律法规的行为，按照本细则的有关规定进行处理
2	计量管理人员	县级以上人民政府计量行政部门的计量管理人员，负责执行计量监督、管理任务；计量监督员负责在规定的区域、场所巡回检查。计量监督员必须经考核合格后，由县级以上人民政府计量行政部门任命并颁发监督员证件
3	计量检定机构	(1)县级以上人民政府计量行政部门依法设置的计量检定机构，为国家法定计量检定机构。其职责是：负责研究建立计量基准、社会公用计量标准，进行量值传递，执行强制检定和法律规定的其他检定、测试任务，起草技术规范，为实施计量监督提供技术保证，并承办有关计量监督工作。 (2)县级以上人民政府计量行政部门可以根据需要，采取以下形式授权其他单位的计量检定机构和技术机构，在规定的范围内执行强制检定和其他检定、测试任务。 ①授权专业性或区域性计量检定机构，作为法定计量检定机构。 ②授权建立社会公用计量标准。 ③授权某一部门或某一单位的计量检定机构，对其内部使用的强制检定计量器具执行强制检定。 ④授权有关技术机构，承担法律规定的其他检定、测试任务
4	计量检定人员	国家法定计量检定机构的计量检定人员，必须经县级以上人民政府计量行政部门考核合格，并取得计量检定证件。其他单位的计量检定人员，由其主管部门考核发证。无计量检定证件的，不得从事计量检定工作。计量检定人员的技术职务系列，由国务院计量行政部门会同有关主管部门制定

序号	项目	内容
5	产品质量检验机构的计量认证	(1)为社会提供公证数据的产品质量检验机构,必须经省级以上人民政府计量行政部门计量认证。产品质量检验机构计量认证的内容包括: ①计量检定、测试设备的工作性能。 ②计量检定、测试设备的工作环境和人员的操作技能。 ③保证量值统一、准确的措施及检测数据公正可靠的管理制度。 (2)产品质量检验机构提出计量认证申请后,省级以上人民政府计量行政部门应指定所属的计量检定机构或者被授权的技术机构进行考核,考核合格后,由接受申请的省级以上人民政府计量行政部门发给计量认证合格证书。未取得计量认证合格证书的,不得开展产品质量检验工作

B17　特种设备的范围与目录管理

★高频考点:特种设备的范围

序号	项目	内容
1	含义	特种设备是对人身和财产安全有较大危险性设备的总称。包括生产(设计、制造、安装、改造、修理)、经营、使用、检验、检测及其监督管理
2	具体规定	(1)《特种设备安全法》规定的特种设备,是指对人身和财产安全有较大危险性的锅炉、压力容器(含气瓶)、压力管道、电梯、起重机械、客运索道、大型游乐设施、场(厂)内专用机动车辆,以及法律、行政法规规定适用《特种设备安全法》的其他特种设备。 (2)特种设备范围不仅限于通常所讲的"八类设备",即其他法律、行政法规规定适用《特种设备安全法》的设备,也应视为特种设备。 (3)核设施、航空航天器和军事装备上使用的特种设备安全的监督管理不适用《特种设备安全法》。 (4)铁路机车、海上设施和船舶、矿山井下使用的特种设备以及民用机场专用设备的安全监督管理,房屋建筑工地、市政工程工地用起重机械和场(厂)内专用机动车辆的安装、使用的监督管理,由有关部门依照《特种设备安全法》和其他有关法律的规定实施

★高频考点：特种设备分类

序号	项目	含义	范围
1	锅炉	锅炉，是指利用各种燃料、电或者其他能源，将所盛装的液体加热到一定的参数，并通过对外输出介质的形式提供热能的设备	其范围规定为设计正常水位容积大于或者等于30L，且额定蒸汽压力大于或者等于0.1MPa(表压)的承压蒸汽锅炉；出口水压大于或者等于0.1MPa(表压)，且额定功率大于或者等于0.1MW的承压热水锅炉；额定功率大于或者等于0.1MW的有机热载体锅炉
2	压力容器	压力容器，是指盛装气体或者液体，承载一定压力的密闭设备	其范围规定为最高工作压力大于或者等于0.1MPa(表压)的气体、液化气体和最高工作温度高于或者等于标准沸点的液体、容积大于或者等于30L且内直径(非圆形截面指截面内边界最大几何尺寸)大于或者等于150mm的固定式容器和移动式容器；盛装公称工作压力大于或者等于0.2MPa(表压)，且压力与容积的乘积大于或者等于1.0MPa·L的气体、液化气体和标准沸点等于或者低于60℃液体的气瓶；氧舱
3	压力管道	压力管道，是指利用一定的压力，用于输送气体或者液体的管状设备	其范围规定为最高工作压力大于或者等于0.1MPa(表压)，介质为气体、液化气体、蒸汽或者可燃、易爆、有毒、有腐蚀性、最高工作温度高于或者等于标准沸点的液体，且公称直径大于或者等于50mm的管道。公称直径小于150mm，且其最高工作压力小于1.6MPa(表压)的输送无毒、不可

序号	项目	含义	范围
3	压力管道	压力管道，是指利用一定的压力，用于输送气体或者液体的管状设备	燃、无腐蚀性气体的管道和设备本体所属管道除外。其中，石油天然气管道的安全监督管理还应按照《安全生产法》《石油天然气管道保护法》等法律法规实施
4	电梯	电梯，是指动力驱动，利用沿刚性导轨运行的箱体或者沿固定线路运行的梯级（踏步），进行升降或者平行运送人、货物的机电设备	包括载人（货）电梯、自动扶梯、自动人行道等。非公共场所安装且仅供单一家庭使用的电梯除外
5	起重机械	起重机械，是指用于垂直升降或者垂直升降并水平移动重物的机电设备	其范围规定为额定起重量大于或者等于 0.5t 的升降机；额定起重量大于或者等于 3t（或额定起重力矩大于或者等于 40t·m 的塔式起重机，或生产率大于或者等于 300t/h 的装卸桥），且提升高度大于或者等于 2m 的起重机；层数大于或者等于 2 层的机械式停车设备
6	客运索道	客运索道，是指动力驱动，利用柔性绳索牵引箱体等运载工具运送人员的机电设备	包括客运架空索道、客运缆车、客运拖牵索道等。非公用客运索道和专用于单位内部通勤的客运索道除外
7	大型游乐设施	纳入《特种设备目录》种类的大型游乐设施，是指用于经营目的，承载乘客游乐的设施	其范围规定为设计最大运行线速度大于或者等于 2m/s，或者运行高度距地面高于或者等于 2m 的载人大型游乐设施。用于体育运动、文艺演出和非经营活动的大型游乐设施除外
8	场（厂）内专用机动车辆	场（厂）内专用机动车辆，是指除道路交通、农用车辆以外仅在工厂厂区、旅游景区、游乐场所等特定区域使用的专用机动车辆	包括机动工业车辆中的叉车和非公路旅游观光车

B18　工业安装工程分部分项工程质量验收要求

★高频考点：工业安装工程施工质量验收的基本规定

1. 工程项目相关方应有健全的质量管理体系。

（1）施工现场项目管理中的质量管理体系是施工单位质量管理体系的组成部分。

（2）不同项目的规模、特点和组织虽然不同，但质量管理体系的总体要求是一致的。

（3）质量管理的基本依据是GB/T 19000族质量管理体系标准。

2. 工程施工质量应符合设计文件的要求。

设计文件是施工的依据，设计质量是保证工程质量的重要因素。

3. 施工相关方现场应有相应的施工技术标准。

（1）施工技术标准规范是质量控制和质量检验等工作的依据，包括国家标准、行业标准和企业标准。

（2）对施工现场质量管理，要求有相应的施工技术标准。

4. 工业安装工程施工项目应有施工组织设计和施工技术方案，并应经审核批准。

（1）施工现场应有按程序审批的施工组织设计和施工技术方案。

（2）对涉及结构安全和人身安全的内容，应有明确的规定和相应的措施。

5. 施工现场质量管理的检查可按《工业安装工程施工质量验收统一标准》GB/T 50252—2018标准附录A《施工现场质量管理检查记录》进行。

6. 工业安装工程施工质量的检验应符合下列规定：

（1）工程采用的设备、材料和半成品应按各专业工程设计要求及施工质量验收标准进行检验。

① 设备、材料的质量是保证工程质量的重要方面。

② 现行国家标准《质量管理体系 要求》GB/T 19001—2016对

施工单位的物资采购提出了进行供方评定、选择以及对采购产品进行检验、验证的要求。

③ 设备和材料的现场检验包括施工单位采购的物资，也包括建设单位采购的物资，后者在原国家标准《质量管理体系 要求》GB/T 19001—2000 中称为（施工单位）顾客财产，施工单位按照设计要求和施工质量标准实施检验工作。

（2）各专业工程应根据相应的施工标准对施工过程进行质量控制，并应按工序进行质量检验。

（3）相关专业之间应进行施工工序交接检验，并应形成记录。

（4）各专业工程应根据相应的施工标准进行最终检验和试验。

7. 参加工程施工质量验收的各方人员均应具有相应的资格。

8. 工程施工质量的验收应在施工单位自行检验合格的基础上进行。

（1）施工单位的自行检查记录是与建设单位（监理单位）共同验收的基础。

（2）工程施工的整体质量靠每一道工序的质量来保证。

（3）对按工序进行质量控制和质量检验具体按各专业工程施工质量验收规范对工序检验规定。

（4）工程项目应采用设置质量控制点并对质量控制点重要程度分级的方法对工序质量进行控制和检验。

9. 隐蔽工程验收

（1）应在隐蔽前由施工单位通知有关单位进行验收，并应形成验收文件。

（2）未经检查验收或检验不合格的，不得进入下道工序。

（3）考虑到隐蔽工程在隐蔽后难以检验，因此隐蔽工程在隐蔽前应进行验收，验收合格并签署验收记录后方可继续施工。

10. 为了突出过程控制和质量检查验收的重点内容，检验项目的质量应按主控项目和一般项目进行检验和验收。

11. 为便于现场实施，施工质量的检验方法、检验数量、检验结果记录应符合各专业工程施工质量验收标准的规定。

★高频考点：工业安装工程施工质量验收程序、标准、组织等

<table>
<tr><th rowspan="2">序号</th><th rowspan="2">验收程序</th><th colspan="2">合格标准（合格与不合格之分）</th><th rowspan="2">验收组织</th><th rowspan="2">质量不符时的处理</th></tr>
<tr><th>上一环节质量</th><th>本环节资料</th></tr>
<tr><td>1</td><td>分项工程</td><td>所含主控项目、一般项目、观感质量都合格</td><td>质量控制资料齐全</td><td>建设单位专业工程师（监理工程师）组织施工单位项目专业工程师进行验收</td><td rowspan="3">（1）一般情况下，不合格的检验项目应通过对工序质量的过程控制，及时发现和返工处理达到合格要求。
（2）对于难以返工又难以确定的质量部位，由有资质的检测单位检测鉴定，其结论可以作为质量验收的依据。
（3）经有资质的检测单位检测鉴定达到设计要求，应判定为验收通过。经有资质的检测单位检测鉴定达不到设计要求、但经原设计单位核算认可能够满足结构安全和使用功能的检验项目，可判定为验收通过。
（4）经返修或加固处理的分项、分部工程，虽然改变外形尺寸但仍能满足安全使用要求，可按技术方案和协商文件进行验收。
（5）通过返修或加固处理仍不能满足安全使用要求的分部工程、单位（子单位）工程，严禁判定为验收通过</td></tr>
<tr><td>2</td><td>分部工程</td><td>所含分项工程全部合格</td><td>质量控制资料齐全</td><td>施工单位向建设单位提出报验申请，由建设单位项目技术负责人（总监理工程师）组织监理、设计、施工等有关单位项目负责人及技术负责人进行验收</td></tr>
<tr><td>3</td><td>单位工程</td><td>所含分部工程全部合格</td><td>质量控制资料齐全</td><td>施工单位向监理（建设）单位提出报验申请，由建设单位项目负责人组织监理、设计、施工单位等项目负责人及质量技术负责人进行验收</td></tr>
</table>

注：当工程由分包单位施工时，其总承包单位应对工程质量全面负责，并由总承包单位报验。

★高频考点：分项工程质量验收要求

序号	项目	内容
1	验收组织	分项工程应在施工单位自检的基础上，由建设单位专业技术负责人(监理工程师)组织施工单位专业技术质量负责人进行验收
2	分项工程质量验收内容	(1)主控项目是指对安全、卫生、环境保护和公众利益，以及对工程质量起决定性作用的检验项目。对于主控项目是要求必须达到的。主控项目包括的检验内容主要有：重要材料、构件及配件、成品及半成品、设备性能及附件的材质、技术性能等；结构的强度、刚度和稳定性等检验数据、工程性能检测。如管道的焊接材质、压力试验，风管系统的测定，电梯的安全保护及试运行等。 (2)一般项目是指除主控项目以外的检验项目。其规定的要求也是应该达到的，只不过对影响安全和使用功能的少数条文可以适当放宽一些要求。这些项目在验收时，绝大多数抽查的处(件)其质量指标都必须达到要求。 (3)观感质量验收，采用观察、触摸或简单的方式进行。尽管检查结果并不要求给出“合格”或“不合格”的结论，但其综合给出的质量评价应是“好”或“差”。对于“差”的检查点应通过返修处理等补救
3	分项工程质量验收等级划分	分为“合格”或“不合格”两个等级
4	分项工程质量验收合格的规定	分项工程所含的检验项目均应符合合格质量的规定；分项工程的质量控制资料应齐全
5	分项工程质量验收记录	(1)应由施工单位质量检验员填写，验收结论由建设(监理)单位填写。 (2)填写的主要内容有：检验项目；施工单位检验结果；建设(监理)单位验收结论。结论为“合格”或“不合格”。 (3)记录表签字人为施工单位专业技术质量负责人、建设单位专业技术负责人、监理工程师

★高频考点：分部（子分部）工程质量验收

序号	项目	内容
1	分部(子分部)工程质量验收的程序	(1)分部工程是组成单位工程的基本单元,分部工程质量检验评定的结果直接影响单位工程的整体质量。 (2)分部(子分部)工程质量验收应在各分项工程验收合格的基础上,由施工单位向建设单位提出报验申请,由建设单位项目负责人(总监理工程师)组织施工单位和监理、设计等有关单位项目负责人及技术负责人进行验收
2	分部(子分部)工程质量验收合格的规定	(1)分部(子分部)工程质量验收等级分为"合格"或"不合格"两个等级。 (2)分部(子分部)工程所含分项工程的质量应全部为合格。 (3)分部(子分部)工程的质量控制资料应齐全
3	分部(子分部)工程质量验收记录	(1)分部(子分部)工程质量验收记录的检查评定结论由施工单位填写。 (2)验收结论由建设(监理)单位填写。记录表签字人:建设单位项目负责人、建设单位项目技术负责人,总监理工程师,施工单位项目负责人、施工单位项目技术负责人,设计单位项目负责人;年、月、日等。 (3)填写的主要内容:分项工程名称、检验项目数、施工单位检查评定结论、建设(监理)单位验收结论。结论为"合格"或"不合格"

C 级 知 识 点

（熟悉考点）

C1　专用设备的分类和性能

★高频考点：专用设备的分类和性能——电力设备的分类和性能

序号	名称	分类及特点	性能参数
1	火力发电设备	火力发电是利用煤炭、石油、天然气、液体、气体燃料、生物质、城市垃圾燃烧产生的热能来加热水，使水变成高温高压水蒸气，再由水蒸气推动汽轮发电机组发电，并对外输出电能	主要有发电量、发电煤耗和供电煤耗、汽轮机热耗和热效率、锅炉效率、供热煤耗、补给水率、主蒸汽压力、主蒸汽温度、汽轮机真空度等
2	核能发电设备	核电设备分为压水堆设备、重水堆设备、高温气冷堆设备、石墨型设备、动力型设备、试验反应堆设备	—
3	风力发电设备	风力发电机组是将风能转化为电能的设备，我国风电场普遍采用的主流机型为功率1.5MW和2.0MW的风电机组	风力发电机组的性能参数很多，其中额定功率和叶轮直径是风力发电机组的最重要的参数
4	光伏发电设备	(1)光伏发电的优点：无资源枯竭危险，能源质量高。安全可靠，无噪声，无污染排放。不受资源分布地域的限制，可利用建筑屋面的优势。 (2)光伏发电的缺点：照射的能量分布密度小，即要占用巨大面积。获得的能源受季节、昼夜及阴晴等气象条件的影响较大。相对于火力发电，发电机会成本高	光伏发电系统的主要性能参数是光伏发电厂发电功率

★高频考点：火力发电设备的分类和参数

序号	项目	分类	参数
1	锅炉	(1)按照特种设备目录分为：承压蒸汽锅炉、承压热水锅炉、有机热载体锅炉。 ①承压蒸汽锅炉：设计正常水位容积大于或者等于30L，且额定蒸汽压力大于或者等于0.1MPa（表压）的锅炉。 ②承压热水锅炉：出口水压大于或者等于0.1MPa（表压），且额定功率大于或者等于0.1MW的锅炉。 ③有机热载体锅炉，额定功率大于或者等于0.1MW的锅炉。包括有机热载体气相炉、有机热载体液相炉。 (2)按用途分类分为：电站锅炉、工业锅炉、船用锅炉、机车锅炉。 (3)按结构分为：火管锅炉、水管锅炉。 (4)按循环方式分为：自然循环锅筒锅炉、多次强制循环锅炉、低循环倍率锅炉、直流锅炉、复合循环锅炉。 (5)按锅炉机组容量分为：小型锅炉、中型锅炉、大型锅炉。 (6)按锅炉出口工质压力分为：低压锅炉、中压锅炉、高压锅炉、超高压锅炉、亚临界压力锅炉、超临界压力锅炉、超超临界压力锅炉。 (7)按燃烧方式分为：层燃锅炉、室燃锅炉、旋风炉、流化床燃烧锅炉。	蒸发量、压力、温度、锅炉受热面蒸发率、受热面发热率、锅炉热效率、钢材消耗率、锅炉可靠性（锅炉可靠性一般用五项指标考核，即运行可用率、等效可用率、容量系数、强迫停运率和出力系数）

序号	项目	分类	参数
1	锅炉	(8)按所用燃料或能源分为:固体燃料锅炉、液体燃料锅炉、气体燃料锅炉、余热锅炉、原子能锅炉、废料锅炉、其他能源锅炉。 (9)按排渣方式分为:固态排渣锅炉、液态排渣锅炉。 (10)其他类型。按炉膛烟气压力分、按锅筒布置方式分、按锅炉厂房形式分、按锅型分等	蒸发量、压力、温度、锅炉受热面蒸发率、受热面发热率、锅炉热效率、钢材消耗率、锅炉可靠性(锅炉可靠性一般用五项指标考核,即运行可用率、等效可用率、容量系数、强迫停运率和出力系数)
2	汽轮机	(1)按工作原理分为:冲动式汽轮机、反动式汽轮机、冲动、反动联合汽轮机等。 (2)按热力过程分为:凝汽式、背压式、抽气式、抽气背压式和中间再热式汽轮机等。 (3)按新蒸汽参数高低分为:低压汽轮机、中压汽轮机、高压汽轮机、超高压汽轮机、亚临界压力汽轮机、超临界压力汽轮机、超超临界压力汽轮机等。 (4)按蒸汽流动方向分为:轴流式汽轮机、辐流式汽轮机、周流式汽轮机等。 (5)按气缸数量分为:单缸汽轮机、双缸汽轮机、多缸汽轮机等。 (6) 按用途分为:电站汽轮机、工业汽轮机、船用汽轮机等	功率(MW)、主汽压力(MPa)、主汽温度(℃)、进气量(t/h)、排气压力(MPa),汽耗[kg/(kW · h)]、转速(r/min)等

★高频考点：光伏发电设备与光热发电设备的分类和特点

序号	项目	光伏发电设备	光热发电设备
1	分类	(1)独立光伏发电系统。 (2)并网光伏发电系统： ①按是否具备调度性分为：带蓄电池的和不带蓄电池的并网发电系统。不带蓄电池的并网发电系统：不具备可调度性和备用电源的功能，一般安装在较大型的系统上。 ②按规模分为：集中式大型并网光伏电站和分散式小型并网光伏电站。 (3)分布式光伏发电系统	光热发电形式有槽式光热发电、塔式光热发电、蝶式光热发电和菲涅尔式光热发电 4 种光热发电设备，目前国内常见槽式光热发电设备和塔式光热发电设备
2	特点	(1)光伏发电的优点：无资源枯竭危险，能源质量高。安全可靠，无噪声，无污染排放。不受资源分布地域的限制，可利用建筑屋面的优势，例如，无电地区，以及地形复杂地区。无须消耗燃料和架设输电线路即可就地发电供电。建设周期短，获取能源花费的时间短。 (2)光伏发电的缺点：照射的能量分布密度小，即要占用巨大面积。获得的能源受季节、昼夜及阴晴等气象条件的影响较大。相对于火力发电，发电机会成本高。有资料表明，发电成本为火电成本的 2 倍。光伏板的制造过程不环保	(1)太阳辐射情况受到地理维度、季节、气候等因素的影响较大。 (2)占地面积大，且对场地平整度的要求较高。 (3)槽式光热的集热管管系长，散热面积大，环境温度对系统热耗影响较大。 (4)槽式光热的集热器抗风性能相对较差

★高频考点：静置设备的分类及性能

序号	分类依据	分类
1	按设备的设计压力分类	常压设备：$P<0.1$MPa。 低压设备：0.1MPa$\leqslant P<$1.6MPa。 中压设备：1.6MPa$\leqslant P<$10MPa。 高压设备：10MPa$\leqslant P<$100MPa。 超高压设备：$P\geqslant$100MPa。 $P<0$ 时，为真空设备

序号	分类依据	分类
2	按制造设备所需材料分类	金属和非金属两大类
3	按设备在生产工艺过程中的作用原理分类	容器、反应器、塔设备、换热器、储罐等
4	静置设备的性能主要由其功能来决定，主要作用有：贮存、均压、热交换、反应、分离、过滤等	主要性能参数有容积、压力、温度、流量、液位、换热面积、效率等

★高频考点：动设备的分类和性能

序号	项目	内容
1	动设备的分类	按动设备在生产工艺过程中的作用原理分类： (1)压缩机 1)按照能量转换方式的不同分为：容积式压缩机和速度式压缩机。 ①容积式压缩机按其运动特点分为：往复式压缩机（又称活塞式压缩机）和回转式压缩机。回转式压缩机又分为：滚动转子式、滑片式、螺杆式、涡旋式压缩机。 ②速度式压缩机依据气流方向的不同分为：透平式压缩机和喷射式压缩机。 透平式压缩机又分为：离心式、轴流式和混流式三种。 根据排气压力的高低，离心式压缩机可分为：离心通风机、离心鼓风机、离心压缩机。 2)按用途可分为：动力压缩机、气体输送压缩机、制冷和气体分离用压缩机、石油和化工用压缩机。 (2)粉碎设备 包括研磨机、破碎机、磨碎机、粉碎机、球磨机、砂磨机和超微粉碎设备、振动磨、气流磨、流能微粒磨、流能缩粒磨等。 (3)混合设备 包括搅拌器(机)、均质设备、混合机、混合器和捏合机等。 (4)分离设备 包括筛分设备、蒸发设备（例如，蒸发器、除沫器、冷凝器、真空装置等）、沉降设备（例如，除尘器、沉降槽、重力沉降分离器、增稠器、离心沉降器、旋风分离器、旋液分离器、沉降式离心机、袋式过滤器等）、过滤设备（例如，压滤机、叶滤机、转筒真空式连续过滤机、离心过滤机）、萃取设备、离心设备和其他分离设备。

序号	项目	内容
1	动设备的分类	(5)制冷设备 包括制冷压缩机、风冷冷冻机、冷却塔、凉水设备、淋水装置等。 (6)干燥设备 包括干燥器(例如,间歇式常压干燥器、间歇式减压干燥器、连续式常压干燥器、连续式减压干燥器、其他干燥器等)、烘箱、烘干机、脱水机和热风炉等。 (7)包装设备 包括清洗机、输瓶机、灌装机、包装秤、包装机、封口机、贴标机、收缩机和捆扎机、充填机等。 (8)输送设备 包括液体输送设备(例如,各种泵类设备和其他类型化工用泵)、气体输送设备(例如,通风机、鼓风机、压缩机)、固体输送设备(例如,带式运输机、管式输送机、链斗提升机)等。 (9)储运设备 包括储藏设备(例如,储罐、钢瓶、液体集装箱)和运输设备(例如,汽车罐车、铁道罐车)等。 (10)成型设备 包括成型机、制粒机、造粒机等
2	动设备的性能	动设备的性能主要由其功能来决定,其主要作用有:气体压缩、粉碎、混合、分离、制冷、干燥、包装、输送、储运和成型等

★高频考点:冶炼设备的分类和性能

序号	项目	分类	性能
1	冶金设备	冶金设备可分为烧结设备、炼焦及化学回收设备、耐火材料设备、炼铁设备、炼钢设备、轧钢设备、制氧设备、鼓风设备、煤气发生设备等。 (1)烧结设备 通过烧结机,将矿粉烧结成块并同时有效地消除矿石中的硫、磷等有害杂质。 ①按固体物料运动特性分类:固定床、移动床和流动床。 ②按其所用加热炉的形式分类:反射炉、多膛炉、竖窑、回转窑、沸腾炉、旋风炉等。	冶金设备针对性强,品种多。以完成冶金产品的特定工序或几个工序的加工或生产,适合于单品种大批量加工或连续生产

序号	项目	分类	性能
1	冶金设备	(2)炼铁设备 包括高炉本体、高炉除尘器、高炉鼓风机、高炉热风炉、铁水罐车等。 (3)炼钢设备 包括转炉、电炉、电弧炉、钢包炉、混铁炉、电渣重熔炉等及其配套设备和系统。 (4)轧钢设备 包括辊压成型机、压瓦机、圆弧机、瓦机设备、彩色瓦楞、滚弯机、精整设备、彩色波浪板滚弯机、热连轧机组、冷轧机、三辊轧管机、矫直机、横切机组、纵切机组、切分轧制、穿孔机、焊管机、卷取机、打捆机等	冶金设备针对性强，品种多。以完成冶金产品的特定工序或几个工序的加工或生产，适合于单品种大批量加工或连续生产
2	建材设备	建材设备包括:水泥设备、玻璃设备、陶瓷设备、耐火材料设备、新型建筑材料设备、无机非金属材料及制品设备等。 (1)水泥设备 水泥设备包括管磨机、回转窑、立式辊磨机、推动篦式冷却器、回转烘干机、电除尘器、圆锥破碎机、辊压机、预热器及分解炉、回转式包装机、分室高压脉冲袋式除尘器、增湿塔、斗式提升机、熟料输送机、螺旋泵、空气输送斜槽、板链式提升机、组合式选粉机、旋风式选粉机、粗粉分离器、细粉分离器、多流股连续料流式均化库设备、堆料机、取料机等。其中回转窑、生料磨、煤磨、水泥磨称为水泥生产的“一窑三磨”。 (2)玻璃设备 当前“浮法”工艺是玻璃生产的主要工艺。浮法玻璃生产线主要的工艺设备有:玻璃熔窑、锡槽、退火窑及冷端的切装系统。其中玻璃熔窑、锡槽、退火窑是浮法玻璃生产的三大热工设备。 (3)耐火材料设备 包括陶瓷纤维和耐火材料加工设备	建材设备针对性强，效率高。它只完成建材产品的特定工序或几个工序的加工或生产，适合于单品种大批量加工或连续生产。水泥生产设备的主要参数为:熟料(t/d);玻璃生产线的主要参数为:熔化量(t/d)

序号	项目	分类	性能
3	矿业设备	矿业设备包括：探矿设备、采矿设备和选矿设备。 (1)探矿设备包括：钻机、井架（钻塔）、绞车、动力机（电动机、柴油机）和泥浆泵等设备，以及机械手和拧管机等附属设备。常用的钻机为回转钻机。根据矿岩性质不同，可分别使用硬质合金钻头、金刚石钻头或钻粒钻头等。钻头借助钻机给钻杆的轴向力和回转力作用破碎孔底矿岩。回转钻机可分为：回转式立轴钻机和回转式转盘钻机、冲击回转钻机。 (2)采矿设备包括：采掘设备、提升设备、输送设备等。采掘设备主要包括：开采金属矿石和非金属矿石的采掘机械；开采煤炭用的采煤机械；开采石油用的石油钻采机械等。 (3)选矿设备包括：破碎设备、磨矿设备、筛分分级设备、选矿设备、选矿辅助设备等。 ①破碎设备：颚式破碎机、锤式破碎机、反击式破碎机、圆锥破碎机、齿辊破碎机、双辊破碎机等。 ②磨矿设备：超细层压自磨机、圆锥球磨机、陶瓷球磨机、节能球磨机、高能球磨机、高细球磨机、格子型球磨机、溢流型球磨机、预混磨等。 ③筛分分级设备：多频脱水筛、高频筛、圆振动筛、直线振动筛、YK系列圆振动筛、滚筒筛、成品筛、螺旋分级机等。 ④选矿设备：磁选设备、洗选设备、重选设备、浓缩设备、烘干煅烧设备。 ⑤选矿辅助设备：振动给料机、槽式给矿机、摆式给矿机、搅拌桶、斗式提升机、皮带输送机、振动给料机、圆盘给料机、高效浓缩机、圆盘造粒机、洗矿机、摇床、螺旋溜槽、水力旋流器、跳汰机、尾矿回收机、MBS型棒磨机等	矿业设备针对性强、品种多，以完成矿业的特定工序或几个工序的加工或生产，适合于大批量加工或连续生产

C2　吊装方法与吊装方案

★高频考点：按起重机械分类的常用吊装方法

序号	项目	内容
1	塔式起重机吊装	起重能力为3～100t，臂长在40～80m，常用在使用地点固定、使用周期较长的场合，较经济。一般为单机作业，也可双机抬吊
2	桥式起重机吊装	起重能力为3～1000t，跨度在3～150m，使用方便。多为厂房、车间内使用，一般为单机作业，也可双机抬吊
3	汽车起重机吊装	有液压伸缩臂，起重能力为8～1200t，臂长在27～120m；有钢管结构臂，起重能力在70～350t，臂长为27～145m。机动灵活，使用方便。可单机、双机吊装，也可多机吊装
4	履带起重机吊装	起重能力为30～4000t，臂长在39～190m；中、小重物可吊重行走，机动灵活，使用方便，使用周期长，较经济。可单机、双机吊装，也可多机吊装
5	直升机吊装	起重能力可达26t，用在其他吊装机械无法完成的地方，如山区、高空
6	桅杆系统吊装	通常由桅杆、缆风系统、提升系统、拖排滚杠系统、牵引溜尾系统等组成；桅杆有单桅杆、双桅杆、人字桅杆、门字桅杆、井字桅杆；提升系统有卷扬机滑轮系统、液压提升系统、液压顶升系统；有单桅杆和双桅杆滑移提升法、扳转（单转、双转）法、无锚点推举法等吊装工艺
7	缆索系统吊装	用在其他吊装方法不便或不经济的场合，重量不大，跨度、高度较大的场合。如桥梁建造、电视塔顶设备吊装
8	液压提升	目前多采用“钢绞线悬挂承重、液压提升千斤顶集群、智能化监视与控制”方法整体提升（滑移）大型设备与构件，其中有上拔式和爬升式两种方式。 （1）上拔式（提升式）——将液压提升千斤顶设置在承重结构的永久柱上，悬挂钢绞线的上端与液压提升千斤顶穿心固定，下端与提升构件用锚具连固在一起，液压提升千斤顶夹着钢绞线往上提，从而将构件提升到安装高度。多适用于屋盖、网架、钢天桥（廊）等投影面积大、重量重，提升高度相对较低场合构件的整体提升。

序号	项目	内容
8	液压提升	(2)爬升式(爬杆式)——悬挂钢绞线的上端固定在永久性结构(或基础或与永久物相联系的临时加固设施)上,将液压提升千斤顶设置在钢绞线下端(液压提升千斤顶通过锚具与提升构件连固),液压提升千斤顶夹着钢绞线往上爬,从而将构件提升到安装高度。多适用于如电视塔钢桅杆天线等提升高度高、投影面积一般、重量相对较轻场合的直立构件。 (3)集群液压千斤顶整体提升(滑移)大型设备与构件技术借助机、电、液一体化工作原理,通过智能检测控制技术,使提升能力可按实际需要进行任意组合配置,解决了在常规状态下,采用桅杆起重机、移动式起重机所不能解决的大型构件整体提升技术难题,已广泛应用于石油化工、冶炼、机械、电力工程,市政工程,建筑工程的相关领域以及设备安装领域
9	利用构筑物吊装	即利用建筑结构作为吊装点,通过卷扬机、滑轮组等吊具实现设备的提升或移动。利用构筑物吊装法作业时应做到: (1)编制专门吊装方案,应对承载的结构在受力条件下的强度和稳定性进行校核。 (2)选择的受力点和方案应征得设计人员的同意。 (3)对于通过锚固点或直接捆绑的承载部位,还应对局部采取补强措施;如采用大块钢板、枕木等进行局部补强,采用角钢或木方对梁或柱角进行保护。 (4)施工时,应设专人对受力点的结构进行监视
10	坡道法提升	即通过搭设坡道,利用卷扬机、滑轮组等吊具将设备牵引并提升到基础上就位

★高频考点:结构件、设备和管件的吊装

序号	项目	内容
1	钢筋混凝土结构吊装	(1)当构件无设计吊钩(点)时,应通过计算确定绑扎点的位置,绑扎方法应考虑可靠和摘钩简便安全。 (2)装配式大板结构吊装宜从中间向两端进行,并应按先横墙后纵墙、先内墙后外墙、最后隔断墙的顺序逐间封闭的顺序
2	钢结构吊装	(1)一般钢结构吊装 单层钢结构厂房屋架吊装前,应根据绑扎点进行稳定性验算,必要时,应进行临时加固;多层钢结构柱吊装前,应将钢柱上将登高扶梯和操作挂篮或平台等临时固定好;框架钢梁吊装应安装好扶手杆和扶手安全绳。

序号	项目	内容
2	钢结构吊装	(2)特种钢结构吊装 ①采用高空组装法吊装塔架时,其爬行桅杆必须经过设计确定。 ②大跨度屋盖整体提升前,应矫正所有吊索铅直线垂直度、进行载重调试各吊点水平高差不超过 2mm、进行试提升。 ③网架采用提升或顶升时,验算载荷应包括吊装阶段结构自重和各种施工载荷,并乘以动力系数 1.1,如采用拔杆动力系数取 1.2,采用履带式起重机或汽车起重机动力系数取 1.3
3	设备吊装	(1)建筑机电设备吊装 ①优先选用流动式起重机进行吊装,吊装时,起重机的回转范围内禁止人员停留。 ②用滚杠装卸时,滚杠粗细应一致,滚道的搭设应平整、坚实、接头错开。 ③用拔杆吊装时,各吊点的受力应均匀。 (2)工业设备和管件吊装 ①卧式设备吊装时,吊点间距宜大于设备长度的 1/3,宜使用吊梁吊装。 ②采用兜捆方式吊装时,应对索具与设备的边缘棱角接触部位进行保护,并对设备进行保护

★高频考点:吊装方案选择

序号	项目	内容
1	技术可行性论证	对多个吊装方法进行比较,从先进可行、安全可靠、经济适用、因地制宜等方面进行技术可行性论证
2	安全性分析	安全第一,结合具体情况,对每一种技术可行的方法从技术上进行安全分析,找出不安全的因素和解决的办法并分析其可靠性
3	进度分析	须对不同的吊装方法进行工期分析,所采用的方法,不能影响整个工程的进度
4	成本分析	对安全和进度均符合要求的方法进行最低成本核算,以较低的成本获取合理利润
5	综合选择	根据具体工程的特点和各方面情况做综合选择

★高频考点：吊装方案的主要内容

序号	项目	内容
1	编制说明及依据	(1)编制说明。 (2)编制依据： ①相关法律、法规、规范性文件、标准、规范。 ②设计文件。 ③施工合同、施工组织设计
2	工程概况	(1)工程特点。 (2)设备参数表：应包括设备名称、数量、设备位号、主体材质等。 (3)施工平面布置。 (4)吊装前状态
3	吊装工艺设计	(1)施工工艺：设备吊装工艺方法概述(如双桅杆滑移法、吊车滑移法)与吊装工艺要求。 (2)吊装参数表：主要包括设备规格尺寸、设备总重量、吊装总重量、重心标高、吊点方位及标高等。若采用分段吊装，应注明设备分段尺寸、分段重量。 (3)机具：起重吊装机具选用、机具安装拆除工艺要求；吊装机具、材料汇总表。 (4)吊点及加固：设备支、吊点位置及结构设计图，设备局部或整体加固图。 (5)工艺图：①吊装平、立面布置图：设备运输路线及摆放位置；设备组装、吊装位置；吊装过程中吊装机械、设备、吊索、吊具及障碍物之间的相对距离；桅杆安装(竖立、拆除)位置及其拖拉绳、主后背绳、夺绳的平面分布；起重机械的组车、拆车、吊装站立位置及移动路线；滑移尾排及牵引和后溜滑车的设置位置；吊装工程所用的卷扬机摆放位置及主跑绳的走向；吊装工程所用的各个地锚位置或平面坐标；需要做特殊处理的吊装场地范围；吊装警戒区。②地锚施工图；吊装作业区域地基处理措施。 (6)吊装进度计划：①按设备安装分部、分项工程编制；②每台设备吊装中相关专业交叉作业计划。 (7)吊装作业区域地基处理措施。 (8)地下工程和架空电缆施工规定

序号	项目	内容
4	吊装组织体系	包括劳动组织、人力资源计划、施工人员的岗位职责等
5	安全保证体系及措施	吊装工作危险性分析表或健康、安全、环境危害分析
6	质量保证体系及措施	—
7	吊装应急处置方案	—
8	吊装计算校核书	主要内容：主起重机和辅助起重机受力分配计算；吊装安全距离核算；吊耳强度核算；吊索、吊具安全系数核算

★高频考点：吊装方案的管理

序号	项目	内容
1	方案编制	(1)“起重吊装及起重机械安装拆卸工程”属于危大工程。 (2)应编制专项施工方案，超过一定规模的危大工程专项施工方案应进行专家论证
2	方案实施	(1)专项施工方案实施前，编制人员或者项目技术负责人应当向施工现场有关管理人员进行方案交底。 (2)施工现场管理人员应当向作业人员进行安全技术交底，并由双方和项目专职安全生产管理人员共同签字确认。 (3)施工单位应当对施工作业人员进行登记，项目负责人应当在施工现场履职。 (4)项目专职安全生产管理人员应当对专项施工方案实施情况进行现场监督
3	应急处置演练	应依据专项施工方案应急处置要求活动，达到检验应急处置方案、提高救援人员处置事故能力、提高救援队伍协作能力、完善应急处置技术水平、补充完善应急装备和物资等目的

C3 吊装稳定性要求

★高频考点：起重吊装作业稳定性的主要内容

序号	项目	内容
1	起重机械的稳定性	(1)起重机在额定工作参数情况下的稳定或桅杆自身结构的稳定。 (2)起重机稳定性是起重机抗倾覆力矩的能力。 (3)起重机工作状态稳定性是起重机抵抗有起升载荷、风载荷及其他因素引起的抗倾覆力矩的能力
2	吊装系统的稳定性	(1)多机吊装的同步、协调；大型设备多吊点、多机种的吊装指挥及协调。 (2)桅杆吊装的稳定系统(缆风绳、地锚)
3	吊装设备或构件的稳定性	(1)整体稳定性(如：细长塔类设备、薄壁设备、屋盖、网架)。 (2)吊装部件或单元的稳定性

★高频考点：起重吊装作业失稳的原因及预防措施

序号	现象	主要原因	预防措施
1	起重机械失稳	超载、支腿不稳定、机械故障、起重臂杆仰角超限等	严禁超载；打好支腿并用道木和钢板垫实和加固，确保支腿稳定；严格机械检查；起重臂杆仰角最大不超过 78°，最小不低于 45°
2	吊装系统的失稳	(1)多机吊装的不同步。 (2)不同起重能力的多机吊装荷载分配不均。 (3)多动作、多岗位指挥协调失误，桅杆系统缆风绳、地锚失稳	(1)多机吊装时尽量采用同机型、吊装能力相同或相近的吊车，并通过主副指挥来实现多机吊装的同步。 (2)集群千斤顶或卷扬机通过计算机控制来实现多吊点的同步。 (3)制定周密指挥和操作程序并进行演练，达到指挥协调一致。 (4)缆风绳和地锚严格按吊装方案和工艺计算设置，设置完成后进行检查并做好记录

序号	现象	主要原因	预防措施
3	吊装设备或构件的失稳	设计与吊装时受力不一致、设备或构件的刚度偏小	(1)对于细长、大面积设备或构件采用多吊点吊装。 (2)薄壁设备进行加固加强。 (3)对型钢结构、网架结构的薄弱部位或杆件进行加固或加大截面，提高刚度

★高频考点：缆风绳、地锚和桅杆设置要求

序号	项目	内容
1	缆风绳的设置要求	(1)直立单桅杆顶部缆风绳的设置宜为6～8根，对倾斜吊装的桅杆应加设后背主缆风绳，后背主缆风绳的设置数量不应少于2根。 (2)缆风绳与地面的夹角宜为30°，最大不得超过45°。 (3)直立单桅杆各相邻缆风绳之间的水平夹角不得大于60°。 (4)缆风绳应设置防止滑车受力后产生扭转的设施。 (5)需要移动的桅杆应设置备用缆风绳
2	地锚设置和使用要求	(1)地锚结构形式应根据受力条件和施工地区的地质条件设计和选用。地锚的制作和设置应按吊装专项施工方案的规定进行。 (2)埋入式地锚基坑的前方，缆风绳受力方向坑深2.5倍的范围内不应有地沟、线缆、地下管道等。 (3)埋入式地锚在回填时，应用净土分层夯实或压实，回填的高度应高于基坑周围地面400mm以上，且不得浸水。地锚设置完成后应做好隐蔽工程记录。 (4)埋入式地锚设置完成后，受力绳扣应进行预拉紧
3	桅杆的使用要求	(1)桅杆的使用应执行桅杆使用说明书的规定，不得超载使用。 (2)桅杆组装应执行使用说明书的规定，桅杆组装的直线度应小于其长度的1/1000，且总偏差不应超过20mm。 (3)桅杆基础应根据桅杆载荷及桅杆竖立位置的地质条件及周围地下情况设计。 (4)采用倾斜桅杆吊装设备时，其倾斜度不得超过15°。 (5)当两套起吊索、吊具共同作用于一个吊点时，应加平衡装置并进行平衡监测。 (6)吊装过程中，应对桅杆结构的直线度进行监测

序号	项目	内容
4	桅杆稳定性校核	(1)需进行桅杆稳定性校核的情况 大型设备吊装作业中,若桅杆不在桅杆使用说明书规定的性能参数范围内使用的特定情况下,需进行桅杆稳定性校核。例如,桅杆的接长高度超过桅杆使用说明书推荐工况的高度,或者主吊滑轮组的吊装张角(即主吊滑轮组与桅杆轴线之间的夹角)超过使用说明书性能参数规定的角度等。稳定性校核不合格的不能使用。 (2)稳定性校核的依据和方法 桅杆的稳定性校核应按照桅杆设计计算书采用的计算公式、参数和方法进行。在桅杆设计计算书难于查询时,应优先采用现行国家标准《起重机设计规范》GB/T 3811—2008规定,进行稳定性核算。 (3)桅杆稳定性校核的基本步骤 受力分析与内力计算。查算桅杆的截面特性数据。计算桅杆长细比。查得轴心受压稳定系数,进行稳定性计算

C4 焊接方法与焊接工艺评定

★高频考点:常用焊接方法特点

序号	方法	特点	说明
1	焊条电弧焊	(1)机动性和灵活性好	①所需要的焊接设备相对简单。 ②焊接场地不受限制。 ③可适用全位置焊接
		(2)焊缝金属性能良好	①焊缝金属结晶较致密,其力学性能比其他熔焊高,特别是缺口冲击韧性高得多。 ②通过焊条药皮配方的调整,容易控制焊缝金属的性能
		(3)工艺适应性强	可以焊接除活性金属以外的大多数金属结构材料

序号	方法	特点	说明
2	钨极惰性气体保护焊	(1)具有焊条电弧焊的特点	—
		(2)自有的特点	①电弧热量集中,可精确控制焊接热输入,焊接热影响区窄。 ②焊接过程不产生熔渣、无飞溅,焊缝表面光洁。 ③焊接过程无烟尘;熔池容易控制;焊缝质量高。 ④焊接工艺适用性强,几乎可以焊接所有的金属材料。 ⑤焊接参数可精确控制,易于实现焊接过程全自动化
		(3)典型焊接产品	①非合金钢、耐热钢和不锈钢管道封底焊缝应采用钨极氩弧焊。 ②铝、镁及其合金管道封底焊缝应采用钨极氩弧焊或熔化极氩弧焊,不得采用气焊或焊条电弧焊焊接

★高频考点:焊接工艺评定

序号	项目	内容	说明
1	焊接工艺评定的定义	焊接工艺评定是为验证所拟定的焊接工艺正确性而进行的试验过程及结果评价	对拟定的焊接工艺进行评价的报告称为焊接工艺评定报告
2	焊接工艺评定作用	(1)验证施焊单位能力	验证施焊单位拟定焊接工艺的正确性,并评定施焊单位在限制条件下,焊接成合格接头的能力
		(2)编制焊接作业指导书的依据	①依据焊接工艺评定报告编制焊接作业指导书,用于指导焊工施焊和焊后热处理工作。 ②一个焊接工艺评定报告可用于编制多个焊接作业指导书。 ③一个焊接作业指导书可以依据一个或多个焊接工艺评定报告编制

★高频考点：焊接工艺评定要求

1. 施工单位自行组织完成焊接工艺评定工作，任何施焊单位不允许将焊接工艺评定的关键工作委托另一个单位来完成。试件和试样的加工、无损检测和理化性能试验等可委托分包。

2. 焊评试件应由本单位技能熟练的焊工，使用本单位的焊接设备施焊，所用设备、仪表应处于正常工作状态，金属材料、焊接材料应符合相应标准，既可证明施焊单位的焊接技术能力和工装水平，又能排除焊工技能因素的影响。

3. 焊评试件检验项目至少应包括：外观检查、无损检测、力学性能试验和弯曲试验。

4. 焊接工艺评定过程中应做好记录，焊评完成后应提出焊接工艺评定报告，并经企业焊接技术负责人审核批准。

★高频考点：焊接作业指导书

序号	项目	内容
1	编制要求	(1)焊接作业指导书必须由企业自行编制，不得沿用其他企业的焊接作业指导书，也不得委托其他单位编制用以指导本单位焊接施工。 (2)编制焊接作业指导书应以焊接工艺评定报告为依据，还要综合考虑设计文件和相关标准要求、产品使用和施工条件等情况。 (3)当某个焊接工艺评定因素的变化超出标准规定的评定范围时，需要重新编制焊接作业指导书，并应有相对应的焊接工艺评定报告作为支撑性文件
2	焊前技术交底	焊接作业前，应由焊接技术人员向焊工发放相应的焊接作业指导书并进行技术交底

★高频考点：焊接作业人员要求与焊接场所要求

序号	项目	内容要求
1	焊接作业人员要求	(1)焊工应在焊工资质证件有效期内从事合格项目覆盖范围内的焊接作业。 (2)从事钢结构焊接的焊工，应按所从事钢结构的钢材种类、焊接节点形式、焊接方法、焊接位置等要求进行技术培训

序号	项目	内容要求
2	焊接场所要求	(1)自然环境 焊接场所的风速;焊接电弧 1m 范围的相对湿度;雨、雪天气不符合现行国家有关标准且无有效安全可靠的防护措施时,禁止焊接。 (2)作业场地 不锈钢、有色金属焊接应设置专用场地,并保持清洁、干燥、无污染,不得与黑色金属等其他产品混杂;配置专用组焊工装

★高频考点:特殊材料焊接工艺措施

序号	项目	内容
1	有延迟裂纹倾向的材料	(1)产生延迟裂纹的原因 焊接接头的扩散氢含量、钢的淬硬倾向和接头承受的拘束应力是产生焊接延迟裂纹的原因。主要发生在低合金高强钢的焊接。 (2)防止产生延迟裂纹的措施 ①采取焊条烘干,正确选择焊接工艺参数;采取焊前预热、焊后热处理措施,减少应力、改善接头组织性能;尽量严格执行焊后后热(消氢处理)的工艺;必要时打磨焊缝余高,减少应力集中。 ②对容易产生焊接延迟裂纹的钢材,焊后应及时进行焊后热处理。当不能及时进行焊后热处理时,应在焊后立即进行后热工艺,将焊接接头均匀加热至 200~350℃,并保温缓冷
2	有再热裂纹倾向的材料	(1)产生再热裂纹与钢中所含碳化物形成元素(Cr、Mo、Ti、B 等)有关,主要包括:Mn-Mo-Nb、Mn-Mo 等系列合金钢。 (2)防止产生再热裂纹的方法: ①预热:预热温度为 200~450℃。若焊后能及时后热,可适当降低预热温度。例如,18MnMoNb 钢焊后,立即进行 180℃、2h 的后热,预热温度可降低至 180℃。 ②应用低强度焊缝,使焊缝强度低于母材以增高其塑性变形能力。 ③减少焊接应力,合理地安排焊接顺序、减少余高、避免咬边及根部未焊透等缺陷以减少焊接应力

C5 焊接应力与焊接变形

★高频考点：焊接残余应力危害及防护措施

序号	项目	内容
1	降低焊接应力的措施——设计措施	(1)减少焊接量：减少焊缝的数量和尺寸，可减小变形量，同时降低焊接应力。 (2)改变焊缝分布：避免焊缝过于集中，从而避免焊接应力峰值叠加。 (3)优化接头形式：优化设计结构，如将容器的接管口设计成翻边式，少用承插式
2	降低焊接应力的措施——工艺措施	(1)采用较小的焊接线能量 较小的焊接线能量的输入能有效地减小焊缝热塑变的范围和温度梯度的幅度，从而降低焊接应力。 (2)合理安排装配焊接顺序 合理的焊接顺序，使焊缝有自由收缩的余地，降低焊接中的残余应力。例如，在大型储罐底板的焊接中，先进行短焊缝的焊接，所有短焊缝焊接完后再焊接长焊缝。焊接过程中不要加外力约束，使其能够自由收缩，可以有效地降低短焊缝中的残余应力。 (3)层间进行锤击 焊后用小锤轻敲焊缝及其邻近区域，使金属晶粒间的应力得以释放，能有效地减少焊接残余应力从而降低焊接应力。例如，在进行铸铁部件的焊接时，不及时进行敲击以释放应力，焊缝周边的母材会出现明显的裂纹。 (4)预热拉伸补偿焊缝收缩(机械拉伸或加热拉伸) 对于那些阻碍焊接区自由伸缩的部位，采用预热或机械方式，使之与焊接区同时拉伸(膨胀)和同时压缩(收缩)，就能减小焊接应力，这种方法称为预热拉伸补偿法。 (5)焊接高强钢时，选用塑性较好的焊条 选用塑性较好的焊条施焊，由于焊缝的金属填充物具有良好的塑性，通过塑性变形，可有效地减小内应力。 (6)预热 构件本体上温差越大，焊接残余应力也越大。焊前对构件进行预热，能减小温差和减慢冷却速度，两者均能减小焊接残余应力。

序号	项目	内容
2	降低焊接应力的措施——工艺措施	(7)消氢处理 ①采用低氢焊条以降低焊缝中的含氢量，焊后及时进行消氢处理，都能有效降低焊缝中的氢含量，预防氢致集中应力。 ②消氢处理的温度一般为300～350℃，保温2～6h后冷却。消氢处理的主要目的是使焊缝金属中的扩散氢逸出，降低焊缝及热影响区的含氢量，防止氢致冷裂纹的产生。 (8)焊后热处理 ①消除残余应力的最通用的方法是高温回火，即将焊件放在热处理炉内加热到一定温度(Ac1以下)和保温一定时间，利用材料在高温下屈服极限的降低，使内应力高的地方产生塑性流动，弹性变形逐渐减少，塑性变形逐渐增加而使应力降低。 ②焊后热处理对金属抗拉强度、蠕变极限的影响与热处理的温度和保温时间有关。 ③焊后热处理对焊缝金属冲击韧性的影响随钢种不同而变化。 (9)利用振动法来消除焊接残余应力 构件承受变载荷应力达到一定数值，经过多次振动后，结构中的残余应力逐渐降低

★高频考点：预防焊接变形的措施

序号	项目	内容
1	进行合理的焊接结构设计	(1)合理安排焊缝位置。焊缝尽量与构件截面的中性轴对称；焊缝不宜过于集中。 (2)合理选择焊缝数量和长度。在保证结构有足够承载力的前提下，应尽量选择较小的焊缝数量、长度和截面尺寸。 (3)合理选择坡口形式。尽可能减少焊缝截面尺寸
2	采取合理的装配工艺措施	(1)预留收缩余量法 为了防止构件焊接以后发生尺寸缩短，可将预计发生缩短的尺寸在焊前预留出来。 (2)反变形法 为了抵消焊接变形，在焊前装配时，先将构件向焊接加热产生变形的相反方向，进行人为的预设变形，这种方法称为反变形法。

序号	项目	内容
2	采取合理的装配工艺措施	(3)刚性固定法 刚性固定法广泛用于工程焊接较小的构件，对防止角变形和波浪变形有显著的效果。为了防止薄板焊接时的变形常在焊缝两侧采用型钢、压铁或楔子压紧固定。 (4)合理选择装配程序 对于大型焊接结构，适当地分成几个部件进行装配焊接，然后再组焊成整体。这样，小部件可以自由地收缩，而不至于引起整体结构的变形
3	采取合理的焊接工艺措施	(1)尽量用气体保护焊等热源集中的焊接方法。 (2)尽量减小焊接线能量的输入能有效地减小变形。 (3)合理的焊接顺序和方向

C6　机械设备安装程序

★高频考点：机械设备安装的一般程序

施工准备→设备开箱检查→基础测量放线→基础检查验收→垫铁设置→设备吊装就位→设备安装调整→设备固定与灌浆→设备零部件清洗与装配→润滑与设备加油→设备试运转→工程验收。

★高频考点：机械设备安装要求

1. 安装的机械设备、主要的或用于重要部位的材料，必须符合设计和产品标准的规定，并应有合格证明。

2. 有的设备虽有出厂合格证，但实际进场时发现存在问题或缺陷，应视为不合格产品，不得进行安装。

3. 用于重要部位的材料，不允许有质量问题或错用。例如，高强度螺栓质量问题、风机叶片的材质问题、高压管因材质引起的爆裂、锅炉耐热合金钢管的错用引发质量事故等，一旦出现问题将给工程造成重大损失。

4. 设备安装中采用的各种计量和检测器具、仪器、仪表和设备，应符合国家现行计量法规的规定，其精度等级，不应低于被检对象的精度等级。

★高频考点：机械设备安装各工序主要工作内容

序号	安装工序	主要工作内容
1	开箱检查	机械设备开箱时，应由建设单位、监理单位、施工单位共同参加，按下列项目进行检查和记录： (1)箱号、箱数以及包装情况。 (2)设备名称、规格和型号，重要零部件需按标准进行检查验收。 (3)随机技术文件(如使用说明书、合格证明书和装箱清单等)及专用工具。 (4)有无缺损件，表面有无损坏和锈蚀。 (5)其他需要记录的事项
2	基础测量放线	(1)设备安装的定位依据通常称为基准线(平面)和基准点(高程)。 (2)机械设备就位前，应按工艺布置图并依据相关建筑物轴线、边缘线、标高线，划定设备安装的基准线和基准点。所有设备安装的平面位置和标高，应以确定的基准线和基准点为基准进行测量。 (3)生产线的纵、横向中心线以及主要设备的中心线应埋设永久性中心线标板，主要设备旁应埋设永久性标高基准点
3	基础检查验收	(1)根据《混凝土结构工程施工质量验收规范》GB 50204—2015 和《机械设备安装工程施工及验收通用规范》GB 50231—2009 的规定进行检查验收。 (2)有验收资料或记录
4	垫铁设置	一是找正调平机械设备，通过调整垫铁的厚度，可使设备安装达到设计或规范要求的标高和水平度。 二是能把设备重量、工作载荷和拧紧地脚螺栓产生的预紧力通过垫铁均匀地传递到基础
5	设备吊装就位	(1)机械设备的吊装就位，应根据设备特点、作业条件和可利用的起重机械，选择安全可靠、经济可行的吊装方案。 (2)特殊作业场所、大型或超大型设备的吊装运输应编制专项施工方案。 (3)应用新技术。计算机控制和无线遥控液压同步提升新技术在大型或超大型构件和设备安装工程中得到推广应用，例如：电视塔钢天线、大型轧机牌坊、超大型龙门吊、石化反应塔等

序号	安装工序	主要工作内容
6	设备安装调整	(1)设备安装调整是机械设备安装工程中关键的一环。 (2)设备调整应根据设备技术文件或规范要求的精度等级，调整设备自身和相互位置状态，例如设备的中心位置、水平度、垂直度、平行度等。 (3)精度检测是检测设备、零部件之间的相对位置误差。 (4)所有位置精度项和部分形状精度项，涉及误差分析、尺寸链原理及精密测量技术
7	设备固定	(1)除少数可移动机械设备外，绝大部分机械设备需固定在设备基础上，尤其对于重型、高速、振动大的机械设备，如果不固定牢固，可能导致重大事故的发生。 (2)对于解体设备应先将底座就位固定后，再进行上部设备部件的组装
8	设备灌浆	(1)设备灌浆分为一次灌浆和二次灌浆。一次灌浆是设备粗找正后，对地脚螺栓预留孔进行的灌浆。二次灌浆是设备精找正、地脚螺栓紧固、检测项目合格后对设备底座和基础间进行的灌浆。 (2)设备灌浆可使用的灌浆料很多，例如：细石混凝土、无收缩混凝土、微膨胀混凝土和其他灌浆料（如CGM高效无收缩灌浆料、RG早强微胀灌浆料）等，其配制、性能和养护应符合现行标准《混凝土外加剂应用技术规范》GB 50119—2013和《普通混凝土配合比设计规程》JGJ 55—2011的有关规定
9	设备零部件清洗与装配	随着建筑工业化的推进，BIM技术、模块化在机电工程已广泛应用。对于解体机械设备和超过防锈保存期的整体机械设备，应进行拆卸、清洗与装配
10	设备装配步骤	(1)熟悉装配图、技术说明、零部件结构和配合要求，确定装配或拆卸程序和方法。 (2)按装配或拆卸程序进行装配件摆放和妥善保护，按规范要求处理装配件表面锈蚀、油污和油脂。 (3)对装配件配合尺寸、相关精度、配合面、滑动面进行复查和清洗干净，如齿轮啮合、滑动轴承的侧间隙、顶间隙等做好记录。 (4)清洗的零部件涂润滑油（脂）后，按标记及装配顺序进行装配，一般装配顺序为：组合件装配→部件装配→总装配

序号	安装工序	主要工作内容
11	润滑与设备加油	按润滑剂加注方式，一般划分为分散润滑和集中润滑。 (1)分散润滑通常由人工方式加注润滑剂，设备试运转前对各润滑点进行仔细检查清洗，保证润滑部位洁净，润滑剂选用按设计和用户要求确定，加注量适当。 (2)集中润滑通常由润滑站、管路及附件组成润滑系统，通过管道输送定量的有压力的润滑剂到各润滑点
12	设备试运转	(1)安装后的调试。包括：润滑、液压、气动、冷却、加热和电气及操作控制等系统单独模拟调试合格；按生产工艺、操作程序和随机技术文件要求进行各动作单元、单机直至整机或成套生产线的工艺动作试验完成。 (2)单体试运转。按规定时间对单台设备进行全面考核，包括单体无负荷试运转和负荷试运转。单体负荷试运转只是对于无需联动的设备和负荷联动试运转规定需要做单体负荷试验的设备才进行。设备单体试运转的顺序是：先手动，后电动；先点动，后连续；先低速，后中、高速。 (3)无负荷联动试运转。主要是检查整条生产线或联动机组中各设备相互配合及按工艺流程的动作程序是否正确，同时也检查联锁装置是否灵敏可靠，信号装置是否准确无误。无负荷联动试运转应按设计规定的联动程序进行或模拟进行。 (4)负荷联动试运转。在投料的情况下，全面考核设备安装工程的质量，考核设备的性能、生产工艺和生产能力，检验设计是否符合和满足正常生产的要求。负荷联动试运转应按生产工艺流程进行，需要进行热负荷试运转的设备(如工业炉设备)，则往往伴随着试生产进行
13	工程验收	(1)机械设备安装工程的验收程序一般按单体试运转、无负荷联动试运转和负荷联动试运转三个步骤进行。 (2)无须联动试运转的工程，在单体试运转合格后即可办理工程验收手续；须经联动试运转的工程，则在负荷联动试运转合格后方可办理工程验收手续。 (3)无负荷单体和联动试运转规程由施工单位负责编制，并负责试运转的组织、指挥和操作，建设单位及相关方人员参加。负荷单体和联动试运转规程由建设单位负责编制，并负责试运转的组织、指挥和操作，施工单位及相关方可依据建设单位的委托派人参加，配合负荷试运转。

序号	安装工序	主要工作内容
13	工程验收	(4)无负荷单体和联动试运转符合要求后,施工单位与建设单位、监理单位、设计单位、质量监督部门办理工程及技术资料等相关交接手续。 (5)工程验收合格,符合合同约定、设计及验收规范要求,应即时办理工程验收

C7 管道试压技术要求

★高频考点:工业管道系统试验的主要类型

根据管道系统不同的使用要求,主要有压力试验、泄漏性试验、真空度试验。

1. 压力试验

以液体或气体为介质,对管道逐步加压到试验压力,以检查管道系统的强度和严密性。

2. 泄露性试验

以气体为介质,在设计压力下,采用发泡剂、显色剂、气体分子感测仪或其他专门手段等检查管道系统中的泄漏点。

3. 真空度试验

对管道抽真空,使管道系统内部成为负压,以检验管道系统在要求时间内的增压率,检验管道系统的严密性。

★高频考点:管道系统试验

序号	项目	内容
1	管道压力试验前应具备的条件	(1)试验范围内的管道安装质量合格。 (2)试验方案已经过批准,并已进行了安全技术交底。在压力试验前,相关资料已经建设单位和有关部门复查。例如,管道元件的质量证明文件、管道组成件的检验或试验记录、管道安装和加工记录、焊接检查记录、检验报告和热处理记录、管道轴测图、设计变更及材料代用文件。 (3)管道上的膨胀节的处理。管道上的膨胀节已设置了临时约束装置。

序号	项目	内容
1	管道压力试验前应具备的条件	(4)试验用压力表在检验周期内并已经校验合格,其精度不得低于1.6级,表的满刻度值应为被测最大压力的1.5～2倍,压力表不得少于两块。 (5)管道的加固、回路分割、元件隔离。管道已按试验方案进行了加固。待试管道与无关系统已用盲板或其他隔离措施隔开。当设计未考虑充水负荷或生产不允许痕迹水存在时,经建设单位批准后,方得以按规定的气压试验代替液压试验。未考虑充水负荷或生产不允许痕迹水存在时,经建设单位批准后,方得以按规定的气压试验代替液压试验。管道上的安全阀、爆破片及仪表元件等已拆下或加以隔离
2	管道压力试验的一般要求	压力试验是以液体或气体为介质,对管道逐步加压到试验压力,以检验管道强度和严密性的试验。其要求如下： (1)试验介质要求 压力试验宜以液体为试验介质,当管道的设计压力小于或等于0.6MPa时,可采用气体为试验介质,但应采取可靠、有效的安全措施;当管道材质为不锈钢管、镍及镍合金管道,或对连有不锈钢管、镍及镍合金管道或设备的管道,液体中氯离子含量不得超过25ppm(25×10^{-6})。 (2)试验压力要求 管道安装完毕,热处理和无损检测合格后,才能进行压力试验。进行压力试验时,要划定禁区,无关人员不得进入。 (3)脆性材料试验要求 脆性材料严禁使用气体进行试验,压力试验温度严禁接近金属材料的脆性转变温度。 (4)试验过程发现泄漏的处理要求 试验过程发现泄漏时,不得带压处理。消除缺陷后应重新进行试验。 (5)试验完毕后的相关要求 ①试验结束后,应及时拆除盲板、膨胀节临时约束装置。 ②试验介质的排放应符合环保要求,如果试验介质中加有化学药品,则排放时必须由有资质的专业单位来进行收集、运输、处理。 ③压力试验完毕,不得在管道上进行修补或增添物件。

序号	项目	内容
2	管道压力试验的一般要求	④当在管道上进行修补或增添物件时，应重新进行压力试验。经设计或建设单位同意，对采取了预防措施并能保证结构完好的小修和增添物件，可不重新进行压力试验。 ⑤压力试验合格后，应填写“管道系统压力试验和泄漏性试验记录”，相关单位及人员须签字认可
3	管道压力试验的替代形式及规定	(1)气压试验代替液压试验 当管道的设计压力不大于0.6MPa时，设计和建设单位认为液压试验不切实际时，可按试压方案中的气压试验代替液压试验。 (2)液压试验代替气压试验的规定 用液压试验代替气压试验时，应经过设计和建设单位同意并符合规定。 (3)代替现场压力试验的方法 现场条件不允许进行液压试验和气压试验时，当水压试验会损害衬里或内部保温；会使生产过程污染、造成腐蚀，当设计未考虑充水负荷或生产不允许痕迹水存在时，经建设单位批准后，方得以按规定的气压试验代替液压试验。当受潮无法操作，环境温度低招致脆裂，且由于低温又不能进行压力试验时，经过设计和建设单位同意，可同时采用下列方法代替现场压力试验： ①所有环向、纵向对接焊缝和螺旋缝焊缝应进行100%射线检测和100%超声检测。 ②除环向、纵向对接焊缝和螺旋缝焊缝以外的所有焊缝(包括管道支承件与管道组成件连接的焊缝)应进行100%渗透检测或100%磁粉检测。 ③由设计单位进行管道系统的柔性分析。 ④管道系统采用敏感气体或浸入液体的方法进行泄漏试验，试验要求应在设计文件中明确要求。 ⑤未经液压和气压试验的管道焊缝和法兰密封部位，可在生产车间配备相应的预保压密封夹具进行车间试压
4	管道液压试验的实施要点	(1)液压试验应使用洁净水，对不锈钢、镍及镍合金管道，或对连有不锈钢、镍及镍合金管道或设备的管道，水中氯离子含量不得超过25ppm(25×10^{-6})。 (2)试验前，注入液体时应排尽空气。 (3)试验时环境温度不宜低于5℃，当环境温度低于5℃时应采取防冻措施。

序号	项目	内容
4	管道液压试验的实施要点	(4)管道的试验压力应符合设计规定。设计无规定时,应符合施工所采用的标准的规定。一般的常温介质管道常用的试验压力可按照:承受内压的地上钢管道及有色金属管道试验压力应为设计压力的1.5倍。 (5)埋地钢管道的试验压力应为设计压力的1.5倍,且不得低于0.4MPa。 (6)管道与设备作为一个系统进行试验时,当管道的试验压力等于或小于设备的试验压力时,应按管道的试验压力进行试验;当管道试验压力大于设备的试验压力,并无法将管道与设备隔开,以及设备的试验压力大于按《工业金属管道工程施工规范》GB 50235—2010计算的管道试验压力的77%时,经设计或建设单位同意,可按设备的试验压力进行试验。 (7)试验应缓慢升压,待达到试验压力后,稳压10min,再将试验压力降至设计压力,稳压30 min,检查压力表有无压降、管道所有部位有无渗漏和变形
5	管道气压试验的实施要点	(1)采用的气体为干燥洁净的空气、氮气或其他不易燃和无毒的气体。 (2)承受内压钢管及有色金属管道试验压力应为设计压力的1.15倍,真空管道的试验压力应为0.2 MPa。 (3)试验时应装有压力泄放装置,其设定压力不得高于试验压力的1.1倍。 (4)试验前,应用试压气体介质进行预试验,试验压力宜为0.2 MPa。 (5)试验时,应缓慢升压,当压力升至试验压力的50%时,如未发现异常或泄漏,继续按试验压力的10%逐级升压,每级稳压3min,直至试验压力。 (6)应在试验压力下稳压10min,再将压力降至设计压力,采用发泡剂、显色剂、气体分子感测仪或其他手段检验无泄漏为合格
6	管道泄漏性试验的实施要点	(1)泄漏性试验是以气体为试验介质,在设计压力下,采用发泡剂、显色剂、气体分子感测仪或其他手段检查管道系统中泄漏点的试验。 (2)输送极度和高度危害介质以及可燃介质的管道,必须进行泄漏性试验。 (3)泄漏性试验应在压力试验合格后进行,试验介质宜采用空气、氮气或其他不易燃和无毒的气体。 (4)泄漏性试验压力为设计压力。

序号	项目	内容
6	管道泄漏性试验的实施要点	(5)泄漏性试验可结合试车一并进行。 (6)泄漏性试验应逐级缓慢升压,当达到试验压力,并且停压10min后,采用涂刷中性发泡剂等方法巡回检查阀门填料处、法兰或螺纹连接处、放空阀、排气阀、排水阀等所有密封点无泄漏为合格
7	管道真空度试验的实施要点	(1)真空系统在压力试验合格后,还应按设计文件规定进行24h的真空度试验。 (2)真空度试验按设计文件要求,对管道系统抽真空,达到设计规定的真空度后,关闭系统,24h后系统增压率不应大于5%

C8　汽轮发电机安装技术

★高频考点:汽轮机设备安装程序

1. 大型发电厂的汽轮机低压缸由于体积过大,运输中受涵洞、桥梁、隧道等因素限制,一般散件到货。

2. 散装到货的汽轮机,在安装时要在现场进行汽轮机本体的安装,其设备安装程序为:

基础和设备的验收→底座安装→汽缸和轴承座安装→轴承安装→转子安装→导叶持环或隔板的安装→汽封及通流间隙的检查与调整→上、下汽缸闭合→联轴器安装→二次灌浆→汽缸保温→变速齿轮箱和盘车装置安装→调节系统安装→调节系统和保安系统的整定与调试。

★高频考点:电站汽轮机的安装技术要点

序号	项目	内容
1	基础和设备的验收	(1)基础的验收应包括汽轮机基础的标高检查和各基础相对位置、沉降观测点的检查及建设单位提供基础预压记录。 (2)在设备验收时,除了进行一般性的设备出厂合格证明书、外观、规格型号,以及数量等复检外,还要对汽缸、隔板、转子、轴承、主汽阀,以及其他零部件进行检查。尤其要仔细检查汽缸的接合面、轴颈的表面光洁度,不应有划痕

序号	项目	内容
2	低压缸组合安装	(1)低压外下缸组合包括：低压外下缸后段(电机侧)与低压外下缸前段(汽侧)先分别就位，调整水平、标高、找中心后试组合，符合要求后，将前、后段分开一段距离，再次清理检查垂直结合面，确认清洁无异物后再进行正式组合。组合时汽缸找中心的基准可以用激光、拉钢丝、假轴、转子等。 (2)低压外上缸组合包括：先试组合，以检查水平、垂直结合面间隙，符合要求后正式组合。 (3)低压内缸组合包括：当低压内缸就位找正、隔板调整完成后，低压转子吊入汽缸中并定位后，再进行通流间隙调整。 (4)组合好的汽缸，垂直结合面的螺母应在汽缸就位前确认锁紧并采取防松措施，结合面密封焊接时应做好防焊接变形措施。汽缸与轴承座的纵横中心线和中分面标高应符合设计要求，其中汽缸和轴承座中分面的标高允许偏差为1mm，与轴承座的横向水平允许偏差为0.20mm/m，纵向水平与转子扬度匹配
3	整体到货的高、中压缸安装	整体到货汽轮机高、中压缸现场不需要组合装配，汽轮机轴通过辅装在缸体端部的运输环对转子和汽缸的轴向、径向定位，但在汽缸就位前要测量运输环轴向和径向的定位尺寸，并以制造厂家的装配记录校核，以检查缸内的转子在运输过程中是否有移动，确保通流间隙不变
4	转子安装	(1)转子安装可以分为：转子吊装、转子测量和转子、汽缸找中心。 (2)转子吊装应使用有制造厂提供并具备出厂试验证书的专用横梁和吊索。 (3)转子测量应包括：轴颈椭圆度、不柱度的测量，推力盘晃度、瓢偏度测量，转子弯曲度测量。 (4)对转子叶片应按制造厂要求进行叶片静频率测试
5	隔板的安装	(1)隔板安装找中心方法一般有假轴找中心、拉钢丝找中心、激光准直仪找中心。 (2)采用钢丝找中心时，钢丝的固定装置对钢丝紧力和位置应能微调，所用钢丝直径不宜超过0.40mm，钢丝的拉力应为破坏应力的3/4，测量时应对钢丝垂弧进行修正，制造厂有明确要求时，应按其要求执行

序号	项目	内容
6	汽封及通流间隙的检查与调整	(1)汽封径向及轴向间隙应符合制造厂要求,现场安装不得随意改动制造厂提供的有关数据。 (2)径向汽封间隙过大时,可以修刮汽封块在洼窝中承力的接触部位。 (3)径向汽封间隙过小时可修刮或加工汽封片边缘使其尖薄平滑。 (4)当通流部分间隙及汽封轴向间隙不合格时,应由制造厂确定处理方案
7	上、下汽缸闭合	(1)连续进行,不得中断 上、下汽缸闭合也称汽轮机扣大盖。汽轮机扣大盖时扣盖区域应封闭管理,扣盖工作从向下汽缸吊入第一个部件开始至上汽缸就位且紧固连接螺栓为止,全程工作应连续进行,不得中断。 (2)进行试扣 汽轮机正式扣盖之前,应将内部零部件全部装齐后进行试扣,以便对汽缸内零部件的配合情况全面检查。试扣前应用压缩空气吹扫汽缸内各部件及其空隙,确保汽缸内部清洁无杂物、结合面光洁,并保证各孔洞通道部分畅通,需堵塞隔绝部分应堵死
8	凝汽器安装	(1)凝汽器与低压缸排汽口之间的连接,采用具有伸缩性能的中间连接段。 (2)凝汽器与汽缸连接的全过程中,不得改变汽轮机的定位尺寸,并不得给汽缸附加额外应力。 (3)凝汽器组装完毕后,汽侧应进行灌水试验。灌水高度宜在汽封洼窝以下100mm,维持24h应无渗漏。已经就位在弹簧支座上的凝汽器,灌水试验前应加临时支撑。灌水试验完成后应及时把水放净
9	轴系对轮中心的找正	(1)轴系对轮中心找正主要是对高中压对轮中心、中低压对轮中心、低压对轮中心和低压转子——电转子对轮中心的找正。 (2)在轴系对轮中心找正时: ①首先,要以低压转子为基准。 ②其次,对轮找中心通常都以全实缸、凝汽器灌水至模拟运行状态进行调整。 ③再次,各对轮找中时的开口和高低差要有预留值。 ④最后,一般在各不同阶段要进行多次对轮中心的复查和找正

★高频考点：发电机设备的安装技术要求

序号	项目	内容
1	发电机定子的卸车要求	(1)一般由平板车运输进厂，行车经改造后抬吊卸车。 (2)卸车方式主要采用液压提升装置卸车或液压顶升平移方法卸车
2	发电机定子的吊装技术要求	通常有采用液压提升装置吊装、专用吊装架吊装和行车改装系统吊装三种方案
3	发电机转子穿装前单独气密性试验	重点检查集电环下导电螺钉、中心孔堵板的密封状况，消除泄漏后应再经漏气量试验，试验压力和允许漏气量应符合制造厂规定
4	发电机转子穿装工作要求	(1)在完成机务(如支架、千斤顶、吊索等服务准备工作)、电气与热工仪表的各项工作后，会同有关人员对定子和转子进行最后清扫检查，确信其内部清洁，无任何杂物并经签证后方可进行。 (2)转子穿装要求在定子找正完、轴瓦检查结束后进行。 (3)转子穿装工作要求连续完成，用于转子穿装的专用工具由制造厂配套供应
5	发电机转子穿装方法	常用的方法有滑道式方法、接轴的方法、用后轴承座作平衡重量的方法、用两台跑车的方法等

注：发电机设备的安装程序是：定子就位→定子及转子水压试验→发电机穿转子→氢冷器安装→端盖、轴承、密封瓦调整安装→励磁机安装→对轮复找中心并连接→整体气密性试验等。

C9　太阳能发电设备安装技术

★高频考点：光伏发电设备安装技术要求

序号	项目	内容
1	光伏发电设备的安装程序	施工准备→基础检查验收→设备检查→光伏支架安装→光伏组件安装→汇流箱安装→逆变器安装→电气设备安装→调试→验收

序号	项目	内容
2	支架安装要求	(1)固定支架和手动可调支架采用型钢结构的,其支架安装和紧固的紧固度应符合设计要求及《钢结构工程施工质量验收规范》GB 50205—2020 的相关要求。 (2)支架倾斜度角度符合设计要求,手动可调支架调整动作灵活,高度角调整范围满足设计要求;跟踪式支架与基础固定牢固,跟踪电机运转平稳
3	光伏组件安装要求	(1)检查光伏组件及各部件设备应完好,光伏组件采用螺栓进行固定,力矩符合产品或设计的要求。 (2)光伏组件之间的接线在组串后应进行光伏组件串的开路电压和短路电流的测试,施工时严禁接触组串的金属带电部位
4	汇流箱安装要求	检查汇流箱部件应完好且接线不松动,所有开关和熔断器处于断开状态,汇流箱安装位置符合设计,垂直度偏差应小于 1.5mm
5	逆变器安装要求	逆变器基础型钢其顶部应高出抹平地面 10mm 并有可靠的接地,逆变器安装方向符合设计要求,逆变器本体的预留孔及电缆管口进行防火封堵
6	设备及系统调试	光伏设备及系统调试主要包括光伏组件串测试、跟踪系统调试、逆变器调试、二次系统调试、其他电气设备调试

★高频考点：光热发电设备的安装程序和技术要求

序号	项目	内容	说明
1	塔式光热发电	(1)塔式光热发电设备安装程序	施工准备→基础检查验收→设备检查→定日镜安装→吸热器钢结构安装→吸热器及系统管道安装→换热器及系统管道安装→汽轮发电机设备安装→电气设备安装→调试→验收
		(2)塔式光热发电集热设备安装技术要求	(1)定日镜与支架固定牢固,安装位置、镜面调整角度符合图纸设计要求。 (2)塔式吸热器的钢结构安装应符合《钢结构工程施工质量验收规范》GB 50205—2020 的相关要求。 (3)塔式吸热器管屏设备内部应清洁,无杂物、无堵塞;安装时应对称进行,单面安装应不多于 2 组

序号	项目	内容	说明
2	槽式光热发电	(1)槽式光热发电设备安装程序	施工准备→基础检查验收→设备检查→集热器支架安装→集热器及附件安装→换热器及管道系统安装→汽轮发电机设备安装→电气设备安装→调试→验收
		(2)槽式光热发电设备集热器安装技术要求	(1)中心架(管)组件的中心轴整体直线度偏差不大于±3mm,相邻集热器安装偏差不大于±0.5mrad,所有集热器整体安装偏差不大于±1.5mrad。 (2)驱动装置旋转角度宜为±120°,偏差应小于±5°。 (3)集热器应从驱动端到末端进行安装,随动轴与轴承座的间隙应满足厂家技术文件要求。 (4)集热器到0°的位置,使用测斜仪的检测设备检查抛物线放到水平位置的误差值应小于5mm。 (5)每个单元集热器安装后应进行旋转试验,试验转动角度应在+180°和−180°之间,偏差在±10°

C10　总包与分包合同的实施

★高频考点:合同跟踪控制等

序号	项目	内容
1	合同重点分析	(1)分析合同风险,比如,签订的是长建设周期的固定总价合同或垫资合同,则项目资金的回笼风险和预测利润实现的风险相对较大。制定风险对策,分解、落实合同任务。 (2)分析合同中的漏洞,澄清有争议的内容。包括:合同的法律基础、承包人的主要任务、发包人的责任、合同价格、计价方法、价格补偿条件、施工工期、顺延惩罚条款、合同变更方式、违约责任、验收、移交和保修、索赔程序和争执的解决等

序号	项目	内容
2	合同交底	(1)组织分包单位与项目有关人员进行交底,学习、分析合同条文。 (2)熟悉合同中的主要内容、规定和程序,了解合同双方的合同责任和工作范围,各种行为的法律后果等。 (3)将各项任务和责任分解,落实到具体的部门、人员或分包单位,明确工作要求和目标
3	合同跟踪与控制	在合同期内,就工作范围、质量、进度、费用及安全等方面的合同执行情况与合同条文所规定内容进行对比。内容包括:工程变更;工程质量是否符合合同要求;工期有无延长,原因是什么;有无合同规定以外的施工任务;成本的增加和减少;对各施工单位所负责的工程进行跟踪检查、协调关系,保证工程总体质量和进度
4	合同实施的偏差分析内容	(1)产生偏差的原因分析。 (2)合同实施偏差的责任分析。 (3)合同实施趋势分析
5	合同实施偏差处理	(1)组织措施。 (2)技术措施。 (3)经济措施。 (4)合同措施

★高频考点:工程分包单位的履行与管理

序号	项目	内容
1	管理内容	总承包单位对分包单位及分包工程的施工管理,应从施工准备、进场施工、工序交验、竣工验收、工程保修以及技术、质量、安全、进度、工程款支付等进行全过程的管理
2	过程控制	(1)总承包单位应派代表对分包单位进行管理,对分包工程施工进行有效控制和记录,保证分包工程的质量和进度满足工程要求,保证分包合同的正常履行,保证总承包单位的利益和信誉。 (2)分包单位工作中的停检点应在自检合格的前提下,由总承包单位检查合格后报请监理(业主代表)进行检查。分包单位对开工、关键工序交验、竣工验收等过程经自行检验合格后,均应事先通知总承包单位组织预验收,经认可后由总承包单位通知业主组织检查验收。

序号	项目	内容
2	过程控制	(3)总承包单位应及时检查、审核分包单位提交的分包工程施工组织设计、施工技术方案、质量保证体系、质量保证措施、安全保证体系及措施、施工进度计划、施工进度统计报表、工程款支付申请、隐蔽工程验收报告和竣工交验报告等文件资料,提出审核意见并批复
3	责任分配	若因分包单位责任造成重大质量事故或安全事故,或因违章造成重大不良后果的,总承包单位可按合同约定终止分包合同,并按合同追究其责任
4	综合评价	分包工程竣工验收后,总承包单位应组织有关部门对分包工程和分包单位进行综合评价

C11　工程设备采购工作程序

★高频考点：工程设备采购工作的阶段划分

序号	项目	内容
1	准备阶段	(1)建立组织、执行设备采购程序 ①成立采购小组。根据设备的重要程度、采购难易程度、技术复杂程度、预估资金占用量的大小,成立设备采购小组。 ②执行设备采购程序。 (2)需求分析、市场调查 ①需求分析。对拟采购的设备的技术水平、制造难易程度、特殊的检查仪表或器材要求、第三方监督检查要求(如果合同有要求的话)、对监造人员的特殊要求、售后服务的要求等做一个全面、细致的分析。 ②市场调查。重点调查原材料的供给情况、类似设备的制造业绩情况、潜在厂商的任务饱满度、类似设备的市场价格或计价方式、类似设备的加工周期、不同的运输方式的费用情况等。 (3)确定采购方式和策略 ①对潜在供货商的要求 a. 能力调查。调查供货商的技术水平、生产能力、生产周期。 b. 地理位置调查。调查潜在供货商的分布,地理位置、交通运输对交货期的影响程度。

序号	项目	内容
1	准备阶段	②确定采购策略 a. 公开招标：对于市场通用产品、没有特殊技术要求、标的金额较大、市场竞争激烈的大宗设备、永久设备应采用公开招标的方式。 b. 邀请报价：对于采购的标的物数量较少、价值较小、制造高度专业化的情况，可采用邀请报价的方式。 c. 单独合同谈判：对于拥有专利技术的设备、为使采购的设备与原有设备配套而新增购的设备、为保证达到特定的工艺性能或质量要求而提出的特定供货商提供的设备、特殊条件下（如抢修）为了避免时间延误而造成更多花费的设备，宜采用单独合同谈判的方式。 （4）编制采购计划 ①设备采购计划的主要内容 包括：采购工作范围、采购内容及管理标准、采购信息（包括产品、服务、数量、技术标准和质量规范）；检验方式和标准、供方资质审核要求、采购控制目标和措施。 ②设备采购过程的里程碑计划 设备采购应服务于项目的总体进度计划。设备采购计划应结合项目的总体进度计划、施工计划、资金计划进行编制，避免盲目性
2	实施阶段	采办小组的主要工作包括：接收请购文件、确定合格供应商、招标或询价、报价评审或评标定标、召开供应商协调会、签订合同、调整采购计划、催交、检验、包装及运输等
3	收尾阶段	采办小组的主要工作包括：货物交接、材料处理、资料归档和采购总结等

注：工程设备采购工作的要求：保证设备质量、保证采购进度、保证采购价格合理。

★高频考点：设备采购文件的组成

序号	项目	名称	内容
1	设备采购技术文件	设备请购文件	设备请购书的内容包括：供货范围；技术要求和说明、质量标准；图纸、数据表；检验要求；供货商提交文件的要求等

序号	项目	名称	内容
1	设备采购技术文件	请购设备的技术要求	(1)设计规范和标准;特殊设计要求;底图和蓝图的份数、电子交付物的要求;操作和维修手册的内容和所需份数;图纸和文件的审批。 (2)对制造设备的材质的要求;设备材料的表面处理和防腐、涂漆要求。 (3)设备工艺负荷说明;超载能力和裕度要求;设备性能曲线。 (4)控制仪表的要求;电气和公用工程技术数据。 (5)指定用途、年限的备品备件清单。 (6)检验证书和报告;其他有关说明
		请购书附件	数据表、技术规格书、图纸及技术要求、特殊要求和注意事项等
2	设备采购商务文件	设备采购商务文件组成	询价函及供货一览表;报价须知;设备采购合同基本条款和条件;包装、唛头、装运及付款须知;确认报价回函(格式)
		设备采购商务文件的修订	常采用标准通用文件,在执行某一特定项目时,应根据项目合同及业主的要求把以上通用商务文件修改为适合该设备使用的设备采购商务文件
3	向潜在供货商发出设备采购商务文件		设备采购技术文件和商务文件组成设备采购文件后,即可按采买计划,依照程序规定向已经通过资质审查的潜在供货商发出

★高频考点:设备采购文件编制要求

序号	项目	内容
1	设备采购文件的编制、审核及批准	(1)设备采购文件由项目采购经理根据相关程序进行编制。 (2)经过编制、技术参数复核、进度(计划)工程师审核、经营(费控)工程师审核,由项目经理审批后实施。 (3)若实行公开招标或邀请招标的,还要将该文件报招标委员会审核,由招标委员会批准后实施

序号	项目	内容
2	设备采购文件的编制依据	工程项目建设合同、设备请购书、采购计划及业主方对设备采购的相关规定等文件

C12　施工组织设计的编制要求

★高频考点：施工组织设计的类型

序号	项目	内容
1	施工组织总设计	(1)施工组织总设计是以整体工程或若干个单位工程组成的群体工程为主要对象编制，对整个项目的施工全过程起统筹规划和重点控制的作用。 (2)施工组织总设计是编制单位工程施工组织设计和专项工程施工组织设计的依据
2	单位工程施工组织设计	(1)单位工程施工组织设计是以单位(子单位)工程为主要对象编制，对单位(子单位)工程的施工过程起指导和制约的作用的技术经济文件。 (2)单位工程施工组织设计是施工组织总设计的进一步细化，直接指导单位(子单位)工程的施工管理和技术经济活动
3	施工方案	(1)专项工程施工组织设计又称为分部(分项)工程施工组织设计，是以分部(分项)工程或专项工程为主要对象编制，对分部(分项)工程或专项工程的施工过程起指导作用的技术经济文件。 (2)通常情况下，对于施工工艺复杂及特殊的施工过程，如施工技术难度大、工艺复杂、质量要求高、采用新工艺和新产品应用的分部(分项)工程或专项工程都需要编制详细的施工技术与组织方案，因此专项工程施工组织设计也称为施工方案

★高频考点：施工组织设计编制原则和编制依据

序号	项目	内容
1	施工组织设计编制原则	(1)合规性原则。 (2)先进性原则。 (3)科学性原则。 (4)经济性原则。 (5)适宜性原则

序号	项目	内容
2	施工组织设计编制依据	(1)与工程建设有关的法律法规、标准规范、工程所在地区行政主管部门的批准文件。 (2)工程施工合同、招标投标文件及建设单位相关要求。 (3)工程文件,如施工图纸、技术协议、主要设备材料清单、主要设备技术文件、新产品工艺性试验资料、会议纪要等。 (4)工程施工范围的现场条件,与工程有关的资源条件,工程地质、水文地质及气象等自然条件。 (5)企业技术标准、管理体系文件、管理制度、企业施工能力、同类工程施工经验等

★高频考点:施工组织设计编制内容

序号	项目	内容
1	工程概况	包括项目主要情况、项目主要现场条件和专业设计简介等
2	编制依据	与施工组织设计编制有关的现行法律法规、部门规章、标准规范及企业相关制度等
3	施工部署	(1)应确定项目施工目标,包括进度、质量、安全、环境和成本等目标。 (2)确定项目分阶段(期)交付的计划。 (3)确定项目分阶段(期)施工的合理顺序及空间组织。 (4)对项目施工的重点和难点进行组织管理和施工技术两个方面简要分析。 (5)明确项目管理组织机构形式,确定项目部的工作岗位设置及其职责划分。 (6)对开发和应用的新技术、新工艺、新材料和新设备作出部署。 (7)对分包单位的资质和能力提出明确要求
4	施工进度计划	按照施工部署的安排进行编制,可采用网络图或横道图表示,并附必要说明。对于工程规模较大或较复杂的工程,施工进度计划宜采用网络图表示
5	施工准备与资源配置计划	施工准备包括技术准备、现场准备和资金准备;资源配置计划包括劳动力配置计划和物资配置计划

序号	项目	内容
6	主要施工方法	(1)对项目涉及的单位(子单位)工程和主要分部(分项)工程所采用的施工方法进行简要说明。 (2)对项目涉及的危险性较大的分部分项工程特别是超过一定规模的危险性较大的分部分项工程(如脚手架搭设工程、起重吊装工程等)、季节性施工等专项工程所采用的施工方案进行必要验算和说明,并编制相关方案策划表
7	主要施工管理措施	包括进度管理措施、质量管理措施、安全管理措施、环境管理措施、成本管理措施等

C13 施工组织设计的实施

★高频考点：施工组织设计实施

序号	项目	内容
1	施工组织设计的审核及批准	(1)施工组织设计实施前应严格执行编制、审核、审批程序;没有批准的施工组织设计不得实施。 (2)对于工程规模大、施工工艺复杂的工程、群体工程或分期出图的工程,可分阶段编制和审批。 (3)施工组织总设计由施工总承包单位组织编制。 (4)当工程未实行施工总承包时,施工组织总设计应由建设单位负责组织各施工单位编制。 (5)单位工程或专项工程施工组织设计由施工单位组织编制。 (6)施工组织设计编制、审核和审批实行分级管理制度。 (7)施工组织总设计应由总承包单位技术负责人审批后,向监理报批。 (8)单位工程施工组织设计应由施工单位技术负责人或技术负责人授权的技术人员审批;专项工程施工组织设计应由项目技术负责人审批;施工单位完成内部编制、审核、审批程序后,报总承包单位审核、审批;然后由总承包单位项目经理或其授权人签章后,向监理报批。工程未实行施工总承包的,施工单位完成内部编制、审核、审批程序后,由施工单位项目经理或其授权人签章后,向监理报批。 (9)危险性较大的分部(分项)工程安全专项方案或专项工程的施工方案应按单位工程施工组织设计进行编制和审批

序号	项目	内容
2	施工组织设计交底	(1)工程开工前,施工组织设计的编制人员应向现场施工管理人员做施工组织设计交底,以做好施工准备工作。 (2)施工组织设计交底的内容包括:工程特点、难点;主要施工工艺及施工方法;施工进度安排;项目组织机构设置与分工;质量、安全技术措施等
3	施工方案交底	(1)工程施工前,施工方案的编制人员应向施工作业人员做施工方案交底。除分项、专项工程的施工方案需进行技术交底外,涉及“四新”技术(新产品、新材料、新技术、新工艺)以及特殊环境、特种作业等也必须向施工作业人员交底。 (2)交底内容为该工程的施工程序和顺序、施工工艺、操作方法、要领、质量控制、安全措施等。 (3)危大工程安全专项方案实施前,编制人员或者项目技术负责人应当向现场管理人员进行交底。施工现场管理人员应当向作业人员进行安全技术交底,并由双方和项目专职安全生产管理人员共同签字确认
4	施工组织设计的实施	(1)施工组织设计一经批准,施工单位和工程相关单位应认真贯彻执行,未经批准不得擅自修改。对于施工组织设计的重大变更,须履行原审批手续。所指的重大变更包括:工程设计有重大修改;有关法律、法规、规范和标准实施、修订和废止;主要施工方法的重大调整;主要施工资源配置的重大调整;施工环境的重大改变等。 (2)工程施工前,应进行施工组织设计的逐级交底,使相关管理人员和施工人员了解和掌握施工组织设计相关的内容和要求。施工组织设计交底是项目施工各级技术交底的主要内容之一,是保证施工组织设计得以有效地贯彻实施的重要手段。 (3)各级生产及技术部门都要对施工组织设计的实施情况进行监督、检查,确保施工组织设计的贯彻执行

C14 人力资源管理要求

★高频考点:施工现场项目部主要人员的配备

1. 项目部负责人:项目经理、项目副经理、项目技术负责人。项目经理必须具有机电工程建造师资格。

2. 项目技术负责人：必须符合规定，且具有规定的机电工程相关专业职称，有从事工程施工技术管理工作经历。

3. 项目部技术人员：根据项目大小和具体情况，按分部、分项工程和专业配备。

4. 项目部现场施工管理人员：施工员、材料员、安全员、机械员、劳务员、资料员、质量员、标准员等必须经培训、考试、持证上岗。项目部现场施工管理人员的配备，应根据工程项目的需要。施工员、质量员要根据项目专业情况配备，安全员要根据项目大小配备。

5. 项目部现场主要技术工人，根据项目具体情况，按分部、分项工程和专业配备。必须持证上岗。

★高频考点：特种作业人员要求

序号	项目	内容
1	含义	指直接从事容易发生人员伤亡事故，对操作者本人、他人及周围设施的安全有重大危险因素作业的人员
2	工种	电工作业、金属焊接切割作业、起重机械（含电梯）作业、企业内机动车辆驾驶（轮机驾驶）、登高架设作业、锅炉作业（含水质化验）、压力容器操作、爆破作业、放射线作业等
3	资格条件要求	在独立上岗作业前，必须进行与本工种相适应的、专门的安全技术理论学习和实际操作训练。具备相应工种的安全技术知识，参加国家规定的安全技术理论和实际操作考核并成绩合格，取得特种作业操作证
4	管理要求	特种作业人员必须持证上岗。特种作业操作证复审年限，以相关主管部门规定为准。对离开特种作业岗位6个月以上的特种作业人员，上岗前必须重新进行考核，合格后方可上岗作业

★高频考点：特种设备作业人员的要求

序号	项目	内容
1	从事锅炉、压力容器与压力管道焊接的焊工的要求	（1）基本要求：焊接应由持有相应类别的“锅炉压力容器压力管道焊工合格证书”的焊工担任。 （2）合格证管理要求：焊工合格证（合格项目）有效期以相关主管部门规定为准。中断受监察设备焊接工作6个月以上的，再从事受监察设备焊接工作时，必须重新考试

序号	项目	内容
2	无损检测人员的级别分类和要求	(1)级别分类 ①Ⅰ级(初级):进行无损检测操作,记录检测数据,整理检测资料。 ②Ⅱ级(中级):编制一般的无损检测程序,并按检测工艺独立进行检测操作,评定检测结果,签发检测报告。 ③Ⅲ级(高级):根据标准编制无损检测工艺,审核或签发检测报告,解释检测结果,仲裁Ⅱ级人员对检测结论的技术争议。 (2)资格要求:一是从事无损检测的人员,必须经资格考核,取得相应的资格证;二是持证人员的资格证书有效期以相关主管部门规定为准

★高频考点：员工的培训与激励

1. 培训方式。人力资源管理部门对新员工一般提供三种培训方式：技术培训、取向培训和文化培训。

2. 录用人员岗前培训的内容。熟悉工作内容性质、责任权限、利益、规范；了解企业文化、政策及规章制度；熟悉企业环境、岗位环境、人事环境；熟悉、掌握工作流程、技能。

3. 培训和开发需求的确定。组织需求分析；工作需求分析；个人需求分析。

4. 培训开发项目的实施。确定培训目标；选择培训对象；选择培训方法；评估培训效果。

5. 员工激励。常用于激励的工作方法有：对于不同员工应采取不同的激励，适当拉开实绩效价的档次，控制奖励的效价差。注意期望心理的疏导、公平心理的疏导。恰当地树立奖励目标，注意掌握奖励时机和奖励频率，注重综合效价。

★高频考点：劳动管理

序号	项目	内容
1	优化配置劳动力	(1)优化配置的依据 项目所需劳动力的种类及数量;项目的进度计划;项目的劳动力资源供应环境。 (2)优化配置的方法 ①按照充分利用、提高效率、降低成本的原则确定每

序号	项目	内容
1	优化配置劳动力	项工作所需劳动力的种类和数量。 ②根据项目进度计划进行劳动力配置的时间安排。 ③进行劳动力资源的平衡和优化,同时考虑劳动力来源,最终形成劳动力优化配置计划
2	劳动力的动态管理	劳动力的动态管理是指根据生产任务和施工条件的变化对劳动力进行跟踪平衡、协调,以解决劳务失衡、劳务与生产要求脱节的动态过程
3	劳动保护	(1)劳动保护措施。在改善劳动条件、预防和消除工伤事故、中毒和职业病等方面采取积极有效的组织措施和技术措施。 (2)劳动环境管理。保护劳动者安全地进行生产劳动。开展工业卫生工作,创造良好的劳动环境和工作秩序

C15　工程设备管理要求

★高频考点：大件工程设备运输管理要求

序号	项目	内容
1	大件设备运输路径选择	(1)公路运输具有灵活、方便、可靠的优点,可作为首选方案。采用此方案涉及的工作量较大,需一定的准备工作周期和道路、桥梁加固等措施费。 (2)铁路运输快捷,且避免公路运输中桥梁加固等费用的支出。如有铁路专用线,则可优先采用。 (3)水路运输费用低,但需要的时间长,同时需要有码头或港口作支持
2	大件工程设备运输的要求	(1)沿途公路作业:在大件设备运输前应会同有关单位对道路地下管线设施进行检查、测量、计算,由此确定行驶路线和需采取的措施。 (2)沿途桥梁作业。按照车辆运输行走路线,按桥梁的设计负荷、使用年限及当时状况,车辆行驶前对每座桥梁进行了检测、计算,并采取了相关的修复和加固措施。 (3)现场道路作业。道路两侧用大石块填充并盖厚钢板加固;车辆停靠指定位置后,考虑顶升、平移、拖运等作业工作,在作业区内均铺设厚钢板增加承载力;沿途其他施工用的障碍物要尽数拆除和搬离。

序号	项目	内容
2	大件工程设备运输的要求	(4)大件运输作业确保可靠性、安全性。全过程均委托有关主管单位部门对重要道路、路段及所有桥梁进行引导、监护、测试，确保运输作业时车辆及设施的可靠性、安全性。 (5)运输作业前备齐所有的书面证明资料，制定运输作业方案报公司审批，并组织讨论，明确各单位工作范围、职责、监督人。运输作业前对作业人员进行必要的技术交底和安全交底，对作业车辆及工器具做全面检查，以确保大件设备运输万无一失
3	大件设备运输方案技术经济比较	对各种设备运输方案的技术经济特征进行论述和比较分析，选择合理的运输方式，降低运输成本，提高运输效益

★高频考点：设备验收与出入库管理

序号	项目	内容
1	验收工作的组织和人员要求	(1)验收工作在业主的组织下进行。 (2)设备管理人员必须掌握了解有关技术协议以作为设备开箱验收、入库、发放的依据。 (3)开箱检验以供货方提供的装箱单为依据，验收结果让各方代表签字存档
2	验收的内容	(1)随机资料，尤其是对压力、焊接、渗漏等有特殊要求的试验报告。 (2)按规定的标识方法进行编号、挂牌、隔离。 (3)特种设备随附的安全技术文件、资料，产品铭牌、安全警示标志及说明书
3	设备入库保管	(1)设备入库后，必须由设备负责人、采购人员及设备管理员三方共同对采购的设备材料进行确认。 (2)确认内容包括质量证明资料、设备外观检查、规格型号确认、数量核对。 (3)核对无误后，由三方在设备入库单上共同签字，入库底单由设备管理员存档
4	设备仓储管理	(1)设备的保管工作严格按要求进行操作，实施多级化管理。对于设备保管人员进行专业培训，建立岗位责任制。 (2)及时办理入库手续。对所到设备，分别储存，进行标识。对保管在露天的设备应经常检查，采取防雨、防风措施。

序号	项目	内容
4	设备仓储管理	(3)按照供货方提供的保养资料及性能资料，对设备进行定期的保养、维护，做好防潮、防锈、防霉、防变质及保温、恒温，做好认真记录等工作。 (4)库内应设置消防设备，消防器具放置要保证取用方便，并经常检查，保证其合格。认真做好防火、防盗工作，以确保保管设备的质量和安全
5	设备出库管理	(1)设备的出库必须由施工班组负责人填写设备领用单，并经管理人员确认签字后方可发放设备。 (2)设备出库时，设备管理员和设备领用人必须对其外观质量、规格型号、数量逐项进行确认，核实无误后在设备领用单上签字确认
6	设备追溯	(1)设备追溯要求 实现设备的可追溯性，应对设备做出唯一性的标识，追踪设备应用情况，发现问题，查明原因，采取相应措施。 (2)设备追溯方法及内容 ①跟踪内容有设备的名称、规格、型号、批号、数量、出厂日期、生产厂家、质量证明、性能试验报告、设备经手人等。 ②设备资料要按归档分类存放，每份资料要编档案号，建立资料档案台账，便于查找

C16 施工现场内部协调管理

★高频考点：内部协调管理的内容

序号	项目	内容
1	内部协调管理的范围	协调管理始终贯穿于施工管理的全过程，协调管理涉及项目部的决策层、管理层和执行层
2	内部协调管理的分类	(1)与施工进度计划安排的协调。 (2)与施工资源分配供给的协调： ①施工资源分为人力资源、施工机具、施工技术资源、设备和材料、施工资金资源等，也称五大生产要素。 ②施工资源分配供给协调要注意符合施工进度计划安排、实现优化配置、进行动态调度、合理有序供给、发挥资金效益，尤其是资金资源的调度使用对资源管理协调的成效起着基础性的保证作用。

序号	项目	内容
2	内部协调管理的分类	(3)与施工质量管理的协调。 (4)与施工安全管理的协调。 (5)与施工作业面安排的协调。 (6)与施工工程资料形成的协调
3	内部协调的管理形式	(1)例行的管理协调会。主要对例行检查后发现的管理偏差进行通报沟通,讨论措施进行纠正,避免类似情况再次发生。 (2)建立协调调度室或设立调度员。主要对项目的执行层(包括作业人员)在施工中所需生产资源需求、作业工序安排、计划进度调节等实行即时调度协调。 (3)项目经理或授权的其他领导人指令。主要对突发事项、急需处理事项以指令形式进行管理协调

★高频考点：机电工程项目内部协调管理的措施

序号	项目	内容
1	组织措施	项目部建立协调会议制度,定期组织召开协调会,解决施工中需要协调的问题
2	制度措施	项目部有健全的规章制度,明确的责任和义务,使协调管理有章可循,各类人员、各级组织的责任明确,则协调后的实施能落实到位。建立由管理层到施工班组的责任制度,在责任制度的基础上建立奖惩制度,提高施工人员的责任心和积极性,建立以项目经理为责任人的质量问题责任制度
3	教育措施	使项目部全体员工明白工作中的管理协调是从全局利益出发,可能对局部利益或小部分人利益发生损害,也要服从协调管理的指示
4	经济措施	对协调管理中受益者要按规定收取费用,给予受损者适当补偿

★高频考点：项目部对工程分承包单位协调管理的内容

序号	项目	内容
1	协调管理的范围	(1)总承包单位对分包单位及分包工程的施工,进行全过程的管理。应从施工准备、进场施工、工序交验、竣工验收、工程保修以及技术、质量、安全、进度、工程款支付等进行全过程的管理。

序号	项目	内容
1	协调管理的范围	(2)总承包单位对分包单位及分包工程的协调管理的范围应在分承包合同中有界定。 ①总承包单位向分包单位提供具备现场施工条件的场地,提供临时用电、用水设施,组织图纸会审、设计交底,负责施工现场协调等。 ②总承包单位负责整个施工场地的管理工作,协调分包单位与同一施工场地的其他分包单位之间的交叉配合,确保分包单位按照经批准的施工组织设计进行施工。 ③总承包单位必须重视并指派专人负责对分包单位的管理,保证分包合同和总承包合同的履行。 (3)主体工程不得分包,禁止转包或再分包。一些专业性较强的分部工程分包,分包单位必须具备相应的企业资质等级,以及相应专业技术资质。如锅炉、压力管道、压力容器、起重机械、电梯等专业技术资质
2	协调管理的原则	(1)分包向总承包负责,除合同条款另有约定,分包单位应履行并承担总承包合同中与分包工程有关的施工承包单位的所有义务与责任。 (2)分包合同必须明确规定分包单位的任务、责任及相应的权利,包括合同价款、工期、奖罚等。 (3)分包单位须服从施工承包单位转发的发包单位或监理工程师与分包工程有关的指令。如分包单位与发包单位或监理工程师发生直接工作联系,将被视为违约,并承担违约责任。 (4)一切对外有关工程施工活动的联络传递,如向发包单位、设计、监理、监督检查机构等的联络,除经总承包单位授权同意外,均应通过总承包单位进行
3	协调管理的重点	(1)施工进度计划安排、临时设施布置。 (2)甲供物资分配、资金使用调拨。 (3)质量安全制度制定、重大质量事故和重大工程安全事故的处理。 (4)竣工验收考核、竣工结算编制和工程资料移交
4	协调管理的形式	(1)定期召开协调会议。 (2)实时协调处理事项。 (3)专题协商妥善处理

C17 工程费用-进度偏差分析与控制

★高频考点：赢得值（挣值）法知识总结——四个评价指标

序号	评价指标	公式	含义
1	费用偏差（*CV*）	费用偏差（*CV*）＝已完工作预算费用（*BCWP*）－已完工作实际费用（*ACWP*）	（1）当费用偏差 *CV* 为负值时，表示执行效果不佳，即实际费用超过预算费用即超支。 （2）当费用偏差 *CV* 为正值时，表示实际费用低于预算费用，表示节支或效率高。 （3）当费用偏差 *CV*＝0 时，表示项目按计划执行
2	进度偏差（*SV*）	进度偏差（*SV*）＝已完工作预算费用（*BCWP*）－计划工作预算费用（*BCWS*）	（1）当进度偏差 *SV* 为负值时，表示进度延误，即实际进度落后于计划进度。 （2）当进度偏差 *SV* 为正值时，表示进度提前，即实际进度快于计划进度。 （3）当进度偏差 *SV*＝0 时，表明项目进度按计划执行
3	费用绩效指数（*CPI*）	费用绩效指数（*CPI*）＝已完工作预算费用（*BCWP*）/已完工作实际费用（*ACWP*）	（1）当费用绩效指数 *CPI*＜1 时，表示超支，即实际费用高于预算费用。 （2）当费用绩效指数 *CPI*＞1 时，表示节支，即实际费用低于预算费用。 （3）当费用绩效指数 *CPI*＝1 时，表示实际费用与预算费用吻合，表明项目费用按计划进行
4	进度绩效指数（*SPI*）	进度绩效指数（*SPI*）＝已完工作预算费用（*BCWP*）/计划工作预算费用（*BCWS*）	（1）当进度绩效指数 *SPI*＜1 时，表示进度延误，即实际进度比计划进度拖后。 （2）当进度绩效指数 *SPI*＞1 时，表示进度提前，即实际进度比计划进度快。 （3）当进度绩效指数 *SPI*＝1 时，表示实际进度等于计划进度

★高频考点：项目费用-进度综合控制方法

序号	项目	内容
1	费用-进度综合控制的步骤	工程项目费用估算→编制计划工程预算费用→建立计划工程预算费用曲线→计算已完工程预算费用→绘制已完工程预算费用曲线→计算已完工程实际费用→建立已完工程实际费用曲线→对项目执行效果进行偏差分析→确定需要采取的控制方法
2	工程项目费用估算	项目费用估算要按照WBS(工作分解结构)的组码、记账码和工作包逐项进行估算。估算的细目要与WBS的记账码和工作包一一对应，这是*BCWS*、*BCWP*和*ACWP*三条曲线的基础
3	绘制工程项目费用(赢得值)曲线	(1)绘制计划工程预算费用*BCWS*曲线 执行效果偏差分析的基准是赢得值分析法中*BCWS*曲线，这条曲线是根据计划进度和预算费用建立起来的，建立计划工程预算费用*BCWS*曲线是项目费用偏差控制最重要的一个步骤。把工程量、资源分配值逐月累加并绘制成曲线，是执行效果的基准曲线。 (2)绘制已完工程预算费用*BCWP*曲线 将设计、采购、施工记账码的已完工程预算值均转换为金额，然后按WBS向上叠加，即可得出该装置直至整个项目的已完工程预算值。将其用图形表示，即可生成该装置直至整个项目的已完工程预算值曲线，即*BCWP*曲线。 (3)绘制已完工程实际费用*ACWP*曲线 把一个项目当月发生的全部人工时卡、发票、单据等收集、整理和分类，并按WBS分别记入各记账码，即可得出各记账当月发生的费用值，将其按月累加可生成*ACWP*曲线。将各类记账码的*ACWP*曲线按WBS逐级向上叠加，即可得出各级直至整个项目的*ACWP*曲线
4	根据费用差异分析预测费用-进度趋势	用赢得值分析法进行费用-进度综合控制的三条曲线已生成后，可以逐月对项目执行效果进行分析。在每月对项目执行效果进行分析时，还要根据当前执行情况和趋势，对项目竣工时所需的费用做出预测
5	项目进展报告和监控	通过三条曲线的对比分析，可以很直观地发现项目实施过程中费用和进度的偏差，而且可以通过WBS不同级别的三条曲线，很快发现项目在哪些具体部分出了问题。接着就可以查明产生这些偏差的原因，进一步确定需要采取的补救措施

★高频考点：赢得值参数的比较、分析与控制措施

序号	情形	偏差分析	控制措施
1	$ACWP>BCWS>BCWP$，$CV<0$，$SV<0$时	工程项目施工效率低，工程费用超支，施工进度延误	工程项目应更换效率高的管理人员和施工人员
2	$BCWP>BCWS>ACWP$，$CV>0$，$SV>0$时	工程项目施工效率高，工程费用节支，施工进度提前	若三个参数偏差不大，工程费用投入和施工进度维持现状
3	$BCWP>ACWP>BCWS$，$CV>0$，$SV>0$时	工程项目施工效率较高，工程费用节支，施工进度提前	工程项目应减少施工作业人员，放慢施工进度
4	$ACWP>BCWP>BCWS$，$CV<0$，$SV>0$时	工程项目施工效率较低，工程费用超支，施工进度提前	工程项目更换部分管理人员及施工人员，增加工作效率高的人员
5	$BCWS>ACWP>BCWP$，$CV<0$，$SV<0$时	工程项目施工效率低，工程费用超支，施工进度延误	工程项目应增加效率高的管理人员和施工作业人员
6	$BCWS>BCWP>ACWP$，$CV>0$，$SV<0$时	工程项目施工效率较高，工程费用节支，施工进度延误	工程项目迅速增加施工管理人员和施工作业人员

C18 施工成本控制措施

★高频考点：各阶段项目成本控制的要点

序号	项目	内容
1	施工准备阶段项目成本的控制要点	(1)优化施工方案，对施工方法、施工顺序、机械设备的选择、作业组织形式的确定、技术组织措施等方面进行认真研究分析，运用价值工程理论，制定出技术先进、经济合理的施工方案。 (2)编制成本计划并进行分解。 (3)做出施工队伍、施工机械、临时设施建设等其他间接费用的支出预算，进行控制

序号	项目	内容
2	施工阶段项目成本的控制要点	(1)对分解的成本计划进行落实。 (2)记录、整理、核算实际发生的费用,计算实际成本。 (3)进行成本差异分析,采取有效的纠偏措施,充分注意不利差异产生的原因,以防对后续作业成本产生不利影响或因质量低劣而造成返工现象。 (4)注意工程变更,关注不可预计的外部条件对成本控制的影响
3	竣工交付使用及保修阶段项目成本的控制要点	(1)工程移交后,要及时结算工程款,进行成本分析,总结经验。 (2)控制保修期的保修费用支出,并将此问题反馈至有关责任者。 (3)进行成本分析考评,落实奖惩制度

★高频考点：项目成本控制的方法

项目成本的控制方法主要有以目标成本控制成本支出、用工期-成本同步的方法控制成本。在施工项目成本控制中，按施工图预算，实行“以收定支”，或者“量入为出”，是最有效的方法之一。

1. 以施工图预算控制人力资源和物质资源的消耗，实行资源消耗的中间控制。

2. 应用成本与进度同步跟踪的方法控制分部分项工程成本。即施工到什么阶段，就应该发生相应的成本费用。如果成本与进度不对应，就要视为“不正常”现象进行分析，找出原因，并加以纠正。

3. 建立项目月度财务收支计划制度，以用款计划控制成本费用支出。

4. 建立以项目成本为中心的核算体系，以项目成本审核签证制度控制成本费用支出。

5. 管理标准化、科学化，建立和完善成本核算、成本分析及成本考核制度。

6. 应用成本分析表法控制项目成本。成本分析表，包括月度成本分析表和最终成本控制报告表。月度成本分析表又分直接成本分析表和间接成本分析表两种。

★高频考点：施工成本控制措施

序号	项目	内容
1	人工费成本的控制措施	(1)严格劳动组织,合理安排生产工人进出厂时间。 (2)严密劳动定额管理,实行计件工资制。 (3)加强技术培训,强化生产工人技术素质,提高劳动生产率
2	工程设备成本控制措施	加强工程设备管理,控制设备采购成本、运输成本、设备质量成本
3	材料成本的控制措施	(1)材料采购方面从量和价两个方面控制。 (2)尤其是项目含材料费的工程如非标设备的制作安装。 (3)材料使用方面,从材料消耗数量的控制,采用限额领料和有效控制现场施工耗料
4	施工机械成本的控制措施	(1)优化施工方案。 (2)严格控制租赁施工机械。 (3)提高施工机械的利用率和完好率
5	其他直接费的控制措施	以收定支,严格控制
6	间接费用的控制措施	(1)尽量减少管理人员的比重,一人多岗。 (2)各种费用支出要用指标控制

C19 应急预案的分类与实施

★高频考点：应急预案的分类

序号	项目	内容
1	施工现场突发事件分类	(1)施工生产事件 坍塌事件、触电事件、起重吊装事件、物体打击事件、高处坠落事件、火灾爆炸事件、职业中毒窒息事件、放射性事件、环境事件等。 (2)自然灾害事件 破坏性地震、气象灾害等。 (3)公共卫生事件 突发重大食物中毒、重大公共卫生事件等。

序号	项目	内容
1	施工现场突发事件分类	(4)社会安全事件 群体性事件、公共聚集事件、恐怖袭击事件、境外事件、计算机信息系统损害事件等
2	应急预案分类	(1)生产经营单位应急预案分为综合应急预案、专项应急预案和现场处置方案。 ①"生产经营单位"应当制定本单位生产安全事故应急救援预案。 ②"建筑施工单位"应当将其制定的生产安全事故应急救援预案按照国家有关规定报送县级以上人民政府负有安全生产监督管理职责的部门备案,并依法向社会公布。 ③生产经营单位主要负责人负责组织编制和实施本单位的应急预案,并对应急预案的真实性和实用性负责,各分管负责人应当按照职责分工落实应急预案规定的职责。 (2)应急预案主要内容 ①综合应急预案应当规定应急组织机构及其职责、应急预案体系、事故风险描述、预警及信息报告、应急响应、保障措施、应急预案管理等内容。 ②专项应急预案应当规定应急指挥机构与职责、处置程序和措施等内容。 ③现场处置方案应当规定应急工作职责、应急处置措施和注意事项等内容。 (3)预案及处置方案之间相互衔接 编制的综合应急预案、专项应急预案和现场处置方案之间应当相互衔接,并与所涉及的其他单位的或地方政府的应急预案相互衔接
3	应急预案的评审和修订	(1)企业或项目部应当组织有关安全、技术、施工管理等专业人员对本项目编制的应急预案进行审定。 (2)涉及本企业、本项目以外的单位或需要地方有关部门配合的,应当征得有关单位和部门同意。 (3)易燃易爆物品、危险化学品、放射性物品等危险物品的储存、使用单位和中型规模以上的企业,应当组织专家对本单位编制的应急预案进行评审。 (4)企业的应急预案经评审或者论证后,由企业主要负责人签署发布;评审应当形成书面纪要并附有专家名单。 (5)应急预案应当至少每3年修订1次,预案修订情况应有记录并归档

★高频考点：应急预案实施

序号	项目	子项目	内容
1	应急预案培训	(1)生产经营单位应当组织开展本单位的应急预案、应急知识、自救互救和避险逃生技能的培训活动，使有关人员了解应急预案内容，熟悉应急职责、应急处置程序和措施。 (2)应急培训的时间、地点、内容、师资、参加人员和考核结果等情况应当如实记入本单位的安全生产教育和培训档案	
2	应急预案演练	(1)应急预案演练计划	①生产经营单位应当制定本单位的应急预案演练计划，根据本单位的事故风险特点，每年至少组织一次综合应急预案演练或者专项应急预案演练，每半年至少组织一次现场处置方案演练。 ②施工单位、人员密集场所经营单位应当至少每半年组织一次生产安全事故应急预案演练，并将演练情况报送所在地县级以上地方人民政府负有安全生产监督管理职责的部门
		(2)演练效果评估	①应急预案编制单位应当建立应急预案定期评估制度，对预案内容的针对性和实用性进行分析，并对应急预案是否需要修订做出结论。 ②应急预案演练结束后，应急预案演练组织单位应当对应急预案演练效果进行评估，撰写应急预案演练评估报告，分析存在的问题，并对应急预案提出修订意见。 ③建筑施工企业应当每三年进行一次应急预案评估。 ④应急预案评估可以邀请相关专业机构或者有关专家、有实际应急救援工作经验的人员参加，必要时可以委托安全生产技术服务机构实施

序号	项目	子项目	内容
3	应急救援实施	（1）应急救援组织	①建筑施工单位、人员密集场所经营单位，应当建立应急救援队伍。 ②小型企业或者微型企业等规模较小的生产经营单位，可以不建立应急救援队伍，但应当指定兼职的应急救援人员，并且可以与邻近的应急救援队伍签订应急救援协议。 ③建设、勘察、设计、监理等单位应当配合施工单位开展危大工程应急抢险工作
		（2）生产经营单位自救	发生生产安全事故后，生产经营单位应当立即启动生产安全事故应急救援预案，采取下列一项或者多项应急救援措施： ①迅速控制危险源，组织抢救遇险人员。 ②根据事故危害程度，组织现场人员撤离或者采取可能的应急措施后撤离。 ③及时通知可能受到事故影响的单位和人员。 ④采取必要措施，防止事故危害扩大和次生、衍生灾害发生。 ⑤根据需要请求邻近的应急救援队伍参加救援，并向参加救援的应急救援队伍提供相关技术资料、信息和处置方法。 ⑥维护事故现场秩序，保护事故现场和相关证据。 ⑦法律、法规规定的其他应急救援措施
4	应急救援评估	（1）危大工程抢险	应急抢险结束后，建设单位应当组织勘察、设计、施工、监理等单位制定工程恢复方案，并对应急抢险工作进行后评估
		（2）生产安全事故处置	应急处置和应急救援结束后，事故发生单位应当对应急预案实施情况进行总结评估

C20 施工质量统计的分析方法及应用

★高频考点：质量统计分析方法的应用

序号	项目	内容
1	统计调查表法	(1)调查表也称检查表、核对表、统计表，是一种对数据进行收集、整理和粗略分析的统计图表。利用统计调查表收集数据，具有简便灵活、便于整理的优点。 (2)常用的统计调查表主要有：不合格品项目调查表、质量数据分布调查表和矩阵调查表。 (3)调查表的应用程序： ①明确收集数据和资料的目的。 ②确定所收集数据的种类和范围。 ③确定对资料和数据的统计、分析方法。 ④确定分析方法和负责人。 ⑤设计调查表的格式和内容、栏目。 ⑥对数据进行检查审核、对比分析，找出主要问题
2	分层法	(1)也称分类法或分组法，是一种对数据进行分类、归类、整理、汇总和分析的方法。常用于归纳整理所收集的统计数据。把性质相同、在同一条件下收集的数据归并为一类，以便找出数据的统计规律的方法。分层法应用原则是同一次的数据波动幅度要尽可能小，层与层之间的差异尽可能大，否则起不到归类汇总的作用。 (2)常用的分层方法。包括：按施工班组或施工人员分层；按施工机械设备型号分层；按施工操作方法分层；按施工材料供应单位或供应时间分层；按施工时间或施工环境分层；按检查手段分层。 (3)分层法的应用程序：收集数据，确定分层方法，将数据按层归类，画分层归类图
3	排列图法	(1)排列图又叫帕累托图法，通常是把影响质量而需要改进的项目从最重要到次要的顺序排列起来从中找出“关键的少数”集中人、财、物力解决，忽略“次要的多数”以后处理，以求以最少的投入获得最大的质量改进效益。 (2)排列图结构形式。排列图由一个横坐标、两个纵坐标、几个按高低顺序排列的矩形和一条累计百分比折线组成。左侧的纵坐标是质量问题或缺陷的频数，右侧的纵坐标是质量问题或缺陷的累计百分比；横坐标代表

序号	项目	内容
3	排列图法	质量项目或数据分段。矩形的宽度代表质量项目，高度代表该质量项目或该数据段的频数；折现是一条累积百分比折线。通常按累计频率划分为主要因素A类(0～80%)、次要因素B类(80%～90%)和一般因素C类(90%～100%)三类。 (3)排列图应用的一般步骤： ①根据要解决的质量问题，选择进行质量分析的项目。 ②根据质量分析的项目，选择进行质量分析的度量单位。 ③选择进行质量分析的数据的间隔。 ④ 画横坐标，按度量单位量值递减的顺序自左至右在横坐标上列出项目，量值较小的项目归并成“其他”项，放在最右端。 ⑤画纵坐标，分别画出频数纵坐标和累计百分比纵坐标。 ⑥根据每个项目的频数画出矩形。 ⑦根据每个项目的累计频数画出帕累托曲线。 ⑧对排列图进行进一步的分析，确定质量改进的“关键的少数项”。一般认为，累计频率在80%以内的项目属于A类因素，是主要的质量问题。 (4)排列图应用的注意事项： ①利用排列图的目的是寻找“关键的少数项”，如找不到，则应重新考虑数据的分类或分层。 ②找到的“关键少数项”，必须是现场有能力解决的，否则应重新分类、画图和寻找。 ③频数较小的项目可以合并，放在“其他”栏内，这样可以缩短横坐标的长度，“其他”栏应放在最右边。 ④确定了主要因素并采取了相应的措施后，为了检查实施效果，还要收集采取措施后的数据并画排列图
4	因果分析图法	(1)因果图也称石川图、鱼刺图、特性要因图，它表示质量特性波动与其潜在(隐含)原因的关系，即表达和分析原因关系的一种图表。应用因果图有利于找到问题症结的原因，然后对症下药，解决质量问题。因此因果图在质量管理活动中有着广泛的用途。 (2)因果分析图应用步骤 ①明确因果图的结果(质量问题)。 ②对导致的结果的原因进行分类，规定其主要类别(人、机、料、法、环)。

序号	项目	内容
4	因果分析图法	③根据因果图的一般形式，画出因果图的主干部分，即画出结果和主要的原因类别。 ④召开“诸葛亮会”，利用“头脑风暴法”对产生质量问题的原因进行层层分析，原因分析必须彻底和具有改进质量的可操作性，并将寻找到的各个层次的原因逐一画在相应的枝上。 ⑤画图是要注意确定的主要质量问题不能笼统，一个主要质量问题只能画一张因果图，多个主要质量问题则应画多张因果图，因果图只能用于单一目标的分析。 ⑥对分析出来的所有末端原因，都应到现场进行观察、测量、试验等，以确认主要原因。 ⑦注意：对问题的原因分析不能无限制地进行，分析到能采取对策的地步就行

C21 竣工验收的组织与程序

★高频考点：竣工验收的组织

序号	项目	内容
1	建设项目竣工验收的组织	(1)竣工验收的组织形式 根据建设项目的规模、工艺、技术以及对社会经济和环境的影响情况，一般可分为两种： ①大型或特大型项目和社会影响较大的项目，一般应组成竣工验收委员会进行验收，其中对工艺技术比较复杂的项目，在验收委员会之外，还应另行组织专家咨询组，为竣工验收做准备。 ②对中、小型项目可组成竣工验收组进行验收。 (2)验收委员会或验收小组成员组成 项目竣工验收委员会或验收小组由项目建设单位负责组织，其成员有生产使用单位、勘察设计单位、工程监理单位、施工承包商、设备供应商以及项目建设的其他相关单位的专业技术人员和专家组成。项目验收还应有环保、消防等有关部门的专家参加。 (3)竣工验收委员会或验收小组主要职责 ①听取并审查竣工验收报告和初验报告。

序号	项目	内容
1	建设项目竣工验收的组织	②检查工程建设和运行情况，对建设项目管理、勘察设计、施工质量、建设监理的执行情况全面核查，并做出评价。 ③审议项目竣工决算，对投资使用效果做出评价。 ④讨论并通过竣工验收鉴定书，验收委员会委员签名
2	施工项目竣工验收的组织	机电工程施工项目竣工验收由项目建设单位组织。建设单位在接到承包商竣工验收申请后，要及时组织监理单位、设计单位、施工单位及使用单位等有关单位组成验收小组，依据设计文件、施工合同和国家颁发的有关标准规范，进行验收

★高频考点：建设项目竣工验收程序

序号	项目	内容
1	验收准备	(1)核实建安工程，抓紧工程收尾。 (2)复查工程质量，有返工或补修的工程内容时，需限定修复时间。 (3)做好专项验收。专项验收一般包括：环境保护、劳动安全、职业安全卫生、工业卫生、消防、档案管理、移民与安置等。 (4)落实生产准备工作，提出试车调试检查情况报告。 (5)整理汇总档案资料，全部立案归档。 档案资料主要内容：建设项目申报及批复文件；项目开工报告、竣工报告；项目一览表；设备清单；施工记录，隐蔽工程验收记录及施工日志；测试记录；设计交底、设计图会审记录、设计变更通知书、技术变更核定单；工程质量事故调查、处理记录；工程质量检验评定资料；工程监理工作总结；试车调试、生产试运行记录；环境、安全卫生、消防安全考核记录；建设项目竣工图；各专业验收组的验收报告及验收纪要等。 (6)编制竣工决算。竣工决算由编制说明和相关报表组成。主要是将建设项目从筹建开始一直到竣工投产交付使用为止的全部费用，包括建筑工程费用、安装工程费用、设备和工器具购置费用及其他费用等。 (7)编写竣工验收报告、备妥验收证书。事先准备好竣工验收报告及附件、验收证书，以便在正式验收时提交验收委员会或验收小组审查

序号	项目	内容
2	预验收	对于工程规模和技术复杂程度大的项目，为保证项目顺利通过正式验收，在验收准备工作基本就绪后，可由上级主管部门或项目建设单位会同施工、设计、监理、使用单位及有关部门组成预验收组，进行一次预验收。预验收工作主要内容有： (1)检查竣工项目所有资料的完整性、准确性是否符合档案要求。 (2)检查项目建设标准，评定质量，对隐患和遗留问题提出处理意见。 (3)检查试车调试情况和生产准备情况。 (4)排除正式验收中可能有争议的问题，协调项目与有关方面、部门的关系。 (5)督促返工、补做工程的修竣及收尾工程的完工。 (6)编写移交生产准备情况报告和竣工预验收报告。 注：预验收合格后，项目建设单位向政府投资主管部门或投资方提出正式验收申请报告
3	正式验收	(1)提出验收申请报告 在确认具备验收条件、完成验收准备或通过预验收后，提出验收申请。特大型建设项目、国家拨款的以及政府投资建设的项目，应向政府投资主管部门提出竣工验收申请；其他工程项目，向其上级主管部门或投资方提出竣工验收申请。 (2)进行竣工验收 ①汇报项目建设工作。包括项目建设单位关于项目建设的全面工作汇报和有关设计、施工及监理单位的工作总结报告。 ②审议竣工验收报告。含验收申请报告、预验收报告及其发现问题的处理情况。 ③审查工程档案资料。如建设项目可行性研究报告、设计文件、会议纪要、合同；单位工程验收、各项专业验收以及竣工图资料等各项主要技术资料和项目文件。 ④查验工程质量。实地查验建筑工程和设备安装工程，对主要工程部位的施工质量和主要生产设备的安装质量进行复验和鉴定，对工程设计的合理性、可靠性、先进性、适用性进行评审鉴定。 ⑤审查生产准备。试车调试、生产试运行、各项生产准备工作情况，以及操作规程、生产管理规章制度等。 ⑥核定遗留尾工。对遗留工程与问题提出具体处理意见，限期落实完成。

序号	项目	内容
3	正式验收	⑦移交工程清单。包括各类建(构)筑物、主要设备等。 ⑧审核竣工决算。核实建设项目全部投资的执行情况和投资效果。 ⑨做出全面评价结论。对工程设计、施工和设备质量、环境保护、安全卫生、消防等方面,做出客观、求实的评价,对整个工程做出全面验收鉴定,对项目投入生产运行做出可靠性结论。 ⑩竣工验收会议纪要。讨论通过竣工验收报告,提出使用建议,签署验收会议纪要和竣工验收证书

★高频考点:施工项目竣工验收程序

序号	项目	内容
1	竣工验收的准备工作	(1)施工项目竣工验收前的工作: ①施工单位项目经理要组织有关人员进行查项,看有无遗漏未安装到位的情况,发现漏项情况,必须确定专人逐项解决。 ②对已经全部完成的部位,要组织清理,做好成品保护,防止损坏和丢失。 ③拆除施工现场的各项临时设施、临时管线,组织材料及各种物资的回收退库工作。 ④做好电气线路各种管道的检查,完成电气工程的全负荷试验和管道的各项试验。有生产工艺设备的机电工程,要进行设备的单体试车、无负荷联动试车等。 (2)整理竣工资料、绘制竣工图,整理工程档案资料、档案移交清单。 (3)编制竣工结算。 (4)准备工程竣工通知书、工程竣工报告、工程竣工验收证明书、工程保修证书。 (5)对检查出的问题及时进行整改完善。 (6)准备好质量评定的各项资料,按机电专业对各个施工阶段所有的质量检查资料,进行系统的整理
2	竣工预验收	(1)施工单位竣工预验收的标准应与正式验收一样,依据国家或地方的规定以及相关标准的要求,查看工程完成情况是否符合施工图纸和设计的使用要求,工程质量是否符合国家和地方政府部门的规定及相关标准要求,工程是否达到合同规定的要求和标准等。

序号	项目	内容
2	竣工预验收	(2)参加竣工预验收的人员,应由项目经理组织生产、技术、质量、合同、预算及有关施工人员等共同参加。 (3)竣工预验收的方式,按照各自的主管内容逐一进行检查,在检查中要做好记录。对不符合要求的部位和项目,确定修补措施和标准,并指定专人负责,定期修理完成。 (4)进行竣工预验收的复验。施工单位在自我检查整改的基础上,解决预验收中的遗留问题,为正式验收做好准备
3	正式竣工验收	施工单位向建设单位送交验收申请报告,建设单位收到验收报告后,应根据工程施工合同、验收标准进行审查,确认工程全部符合竣工验收标准,具备了交付使用的条件后,应由建设单位组织,设计、监理及施工单位共同对工程项目进行正式竣工验收。 (1)施工单位向建设单位发出《竣工验收通知书》。 (2)由建设单位组织设计、监理、施工及有关方面共同参加,列为国家重点工程的大型建设项目,由国家有关部委,邀请有关方面参加,组成工程验收委员会,进行验收。 (3)签发《工程竣工验收报告》并办理工程移交。在建设单位验收完毕并确认工程符合竣工标准和合同条款规定要求后,向施工单位签发《竣工验收证明书》。 (4)进行工程质量评定。 (5)办理工程档案资料移交。 (6)办理工程移交手续

★高频考点:竣工验收问题的处理

序号	项目	内容
1	遗留的工程尾项	(1)属于承包工程合同范围内的遗留尾项,要求承包商在限定时间内完成。 (2)属于各承包合同之外的少量尾项,可以一次或分期划给施工单位包干实施。 (3)分期建设、分期投产的工程项目,前一期工程验收时遗留的少量尾项,可以在建设后一期工程时一并组织实施

序号	项目	内容
2	“三废”治理工程	“三废”治理工程必须严格按照规定与主体工程同时设计、同时施工、同时投产交付使用；对于不符合要求的情况，验收委员会应会同地方环保部门根据危害严重程度区别处理，凡危害很严重的，在未解决前，专业验收时决不允许投料试车，不许正式全面验收
3	劳保安全措施	劳保安全措施必须严格按照规定与主体工程同时建成，同时交付使用。对竣工时遗留的或试车中发现必须新增的安全、卫生保护措施，要安排投资和材料限期完成。完成后另行组织专项验收

★高频考点：竣工资料的移交

1. 各有关单位（包括设计、施工、监理单位）应在工程准备阶段就建立起工程技术档案，汇集整理有关资料，把这项工作贯穿于整个施工过程，直到工程竣工验收结束。这些资料由建设单位分类立卷，在竣工验收时移交给生产使用单位统一保管，作为今后维护、改造、扩建、科研、生产组织的重要依据。

2. 凡是列入技术档案的技术文件、资料，都必须经有关技术负责人正式审定。所有的资料文件都必须如实反映工程实施的实际情况，工程技术档案必须严格管理，不得遗失损坏。

C22　工程保修的职责与程序

★高频考点：保修有关知识

序号	项目	内容
1	保修的责任范围	(1)按照《建设工程质量管理条例》的规定，建设工程在保修范围和保修期限内发生质量问题时，施工单位应当履行保修义务，并对造成的损失承担施工方责任的赔偿。总承包单位依法将建设工程分包给其他单位的，分包单位应当按照分包合同的约定对其分包工程的质量向总承包单位负责，总承包单位与分包单位对分包工程的质量承担连带责任。 (2)对保修期和保修范围内发生的质量问题，应先由建设单位组织设计、施工等单位分析质量问题的原因，

序号	项目	内容
1	保修的责任范围	确定保修方案，由施工单位负责保修。对质量问题的原因分析应实事求是，科学分析，分清责任，由责任方承担相应的经济赔偿。 ①质量问题确实是由于施工单位的施工责任或施工质量不良造成的，施工单位负责修理并承担修理费用。 ②质量问题是由双方的责任造成的，应协商解决，商定各自的经济责任，由施工单位负责修理。 ③质量问题是由于建设单位提供的设备、材料等质量不良造成的，应由建设单位承担修理费用，施工单位协助修理。 ④质量问题发生是因建设单位（用户）责任，修理费用或者重建费用由建设单位负担。 ⑤涉外工程的修理按合同规定执行，经济责任按以上原则处理
2	保修期限	（1）建设工程的保修期自竣工验收合格之日起算。 （2）保修期为2年：电气管线、给水排水管道、设备安装工程。 （3）2个采暖期或供冷期：供热和供冷系统。 （4）其他项目的保修期由发包单位与承包单位约定。 注：建设工程在保修范围和保修期限内发生质量问题的，施工单位应当履行保修义务，并对造成的损失承担赔偿责任
3	保修证书的内容	在工程竣工验收的同时，由施工单位向建设单位发送机电安装工程保修证书，保修证书的内容主要包括：工程简况，设备使用管理要求，保修范围和内容，保修期限、保修情况记录（空白），保修说明，保修单位名称、地址、电话、联系人等

注：根据《建筑工程五方责任主体项目负责人质量终身责任追究暂行办法》的规定，参与新建、扩建、改建的建筑工程的建设单位项目负责人、勘察单位项目负责人、设计单位项目负责人、施工单位项目经理、监理单位总监理工程师等，按照国家法律法规和有关规定，在工程设计使用年限内对工程质量承担相应责任，称为建筑工程五方责任主体项目负责人质量终身责任。

C23　计量器具的使用管理规定

★高频考点：计量器具基础知识

序号	项目	内容
1	计量器具的分类	(1)计量基准器具：国家计量基准器具，用以复现和保存计量单位量值，经国务院计量行政部门批准作为统一全国量值最高依据的计量器具。 (2)计量标准器具：准确度低于计量基准的、用于检定其他计量标准或工作计量器具的计量器具。 (3)工作计量器具：企业、事业单位进行计量工作时应用的计量器具
2	计量基准器具具备的条件	(1)经国家鉴定合格。 (2)具有正常工作所需要的环境条件。 (3)具有称职的保存、维护、使用人员。 (4)具有完善的管理制度
3	计量标准器具具备的条件	(1)经计量检定合格。 (2)具有正常工作所需要的环境条件。 (3)具有称职的保存、维护、使用人员。 (4)具有完善的管理制度

★高频考点：计量器具的使用管理要求

序号	项目	内容
1	计量标准器具的建立	(1)企业、事业单位根据需要，可以建立本单位使用的计量标准器具，其各项最高计量标准器具经有关人民政府计量行政部门主持考核合格后使用。 (2)企业、事业单位建立本单位各项最高计量标准，须向与其主管部门同级的人民政府计量行政部门申请考核。经考核符合规定条件并取得考核合格证的方可使用，并向其主管部门备案。 (3)企业、事业单位必须重视计量标准器具的日常管理，建立日常维护管理制度
2	使用管理的规定	(1)计量器具是工程施工中测量和判断质量是否符合规定的重要工具，直接影响工程质量。任何单位和个人不准在工作岗位上使用无检定合格印、证或者超过检定周期以及经检定不合格的计量器具(在教学示范中使用计量器具不受此限)。

序号	项目	内容
2	使用管理的规定	(2)机电工程项目部应认真执行有关计量器具的使用、操作、管理和保养、搬运和储存的控制程序和管理制度,为工程产品质量符合规定的要求提供保证和证据。 (3)所选用的计量器具,必须满足被测对象及检测内容的要求,使被测对象在量程范围内。检测器具的测量极限误差必须小于或等于被测对象所能允许的测量极限误差,必须具有技术鉴定书或产品合格证书。 (4)按规定对计量器具实施周期检定,保证计量器具的量值准确可靠,防止因检测器具的自身误差造成工程质量的“不合格”。 (5)计量器具应有明显的“合格”“禁用”“封存”等标志标明计量器具所处的状态。 合格:经周检或一次性检定能满足质量检测、检验和试验要求的精度。 禁用:经检定不合格或使用中严重损坏、缺损的。 封存:根据使用频率及生产经营情况,暂停使用的。封存的计量器具重新启用时,必须经检定合格后,方可使用。 (6)使用人员应经过培训并具有相应的资格,熟悉并掌握计量器具的性能、操作规程、使用要求和操作方法,按规定进行正确操作,做好记录。 (7)使用计量器具前,应检查其状态标识。若不在检定周期内、检定标识不清或封存的,视为不合格的计量器具,不得使用。每次使用前,应对计量器具进行校准复位检查后,方可开始计量测试。使用中若发现计量器具偏离标准状态,应立即停用,重新校验核准。如出现损坏或性能下降时,应及时进行修理和重新检定。 (8)计量器具应在适宜的环境条件下使用,必要时应采取措施,消除或减少环境对测量结果的影响,保证测量结果的准确可靠。 (9)计量器具在安装和搬运过程中,应采取相应的保护措施,避免准确度偏移或损坏。 (10)计量器具应分类存放、标识清楚,针对不同要求采取相应的防护措施,如防火、防潮、防振、防尘、防腐、防外磁场干扰等,确保其处于良好的技术状态